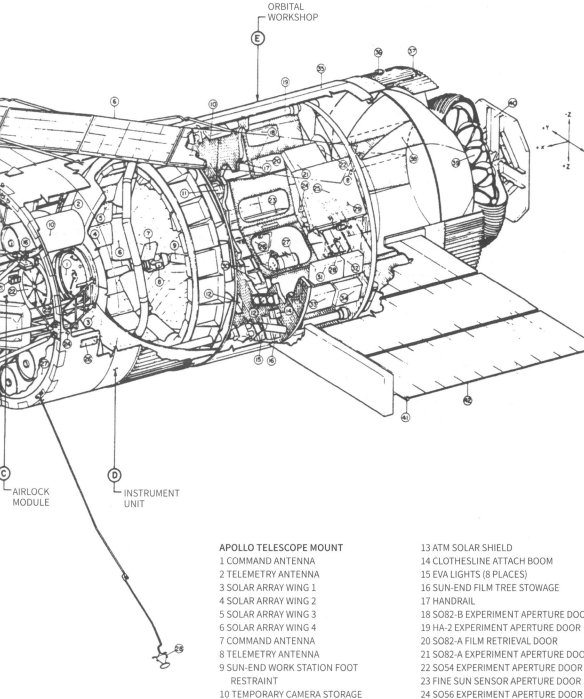

ORBITAL WORKSHOP

E

ORBITAL WORKSHOP

C — AIRLOCK MODULE

D — INSTRUMENT UNIT

E. ORBITAL WORKSHOP
1 OWS HATCH
2 NONPROPULSIVE VENT LINE
3 VCS MINING CHAMBER AND FILTER
4 STOWAGE RING CONTAINERS (24 PLACES)
5 LIGHT ASSEMBLY
6 WATER STORAGE TANKS (10 PLACES)
7 TO13 FORCE MEASURING UNIT
8 VCS FAN CLUSTER (3 PLACES)
9 VCS DUCT (3 PLACES)
10 SCIENTIFIC AIRLOCK (2 PLACES)
11 WMC VENTIATION UNIT
12 EMERGENCY EGRESS OPENING (2 PLACES)
13 M509 NITROGEN BOTTLE STOWAGE
14 SO19 OPTICS STOWAGE CONTAINER
15 S149 PARTICLE COLLECTION CONTAINER
16 SO19 OPTICS STOWAGE CONTAINER
17 SLEEP COMPARTMENT PRIVACY CURTAINS (3 PLACES)
18 M131 STOWAGE CONTAINER
19 VCS DUCT HEATER (2 PLACES)
20 M131 ROTATING CHAIR CONTROL CONSOLE
21 POWER AND DISPLAY CONSOLE
22 M131 ROTATING CHAIR
23 WMC DRYING AREA
24 TRASH DISPOSAL AIRLOCK
25 OWS C&D CONSOLE
26 FOOD FREEZERS (2 PLACES)
27 FOOD PREPARATION TABLE
28 M171 ERGOMETER
29 MO92 LOWER-BODY NEGATIVE PRESSURE
30 STOWAGE LOCKERS
31 EXPERIMENT SUPPORT SYSTEM PANEL
32 BIOMEDICAL STOWAGE CABINET
33 M171 GAS ANALYZER
34 BIOMEDICAL STOWAGE CABINET
35 METEOROID SHIELD
36 NONPROPULSIVE VENT (2 PLACES)
37 TACS MODULE (2 PLACES)
38 WASTE TANK SEPARATION SCREENS
39 TACS SPHERES (22), PNEUMATIC SPHERE
40 REFRIGERATION SYSTEM RADIATOR
41 ACQUISITION LIGHT (2 PLACES)
42 SOLAR ARRAY WING (2 PLACES)

APOLLO TELESCOPE MOUNT
1 COMMAND ANTENNA
2 TELEMETRY ANTENNA
3 SOLAR ARRAY WING 1
4 SOLAR ARRAY WING 2
5 SOLAR ARRAY WING 3
6 SOLAR ARRAY WING 4
7 COMMAND ANTENNA
8 TELEMETRY ANTENNA
9 SUN-END WORK STATION FOOT RESTRAINT
10 TEMPORARY CAMERA STORAGE
11 QUARTZ CRYSTAL MICROBALANCE (2 PLACES)
12 ACQUISITION SUN SENSOR ASSEMBLY

13 ATM SOLAR SHIELD
14 CLOTHESLINE ATTACH BOOM
15 EVA LIGHTS (8 PLACES)
16 SUN-END FILM TREE STOWAGE
17 HANDRAIL
18 SO82-B EXPERIMENT APERTURE DOOR
19 HA-2 EXPERIMENT APERTURE DOOR
20 SO82-A FILM RETRIEVAL DOOR
21 SO82-A EXPERIMENT APERTURE DOOR
22 SO54 EXPERIMENT APERTURE DOOR
23 FINE SUN SENSOR APERTURE DOOR
24 SO56 EXPERIMENT APERTURE DOOR
25 SO52 EXPERIMENT APERTURE DOOR
26 HA-1 EXPERIMENT APERTURE DOOR
27 SO55A EXPERIMENT APERTURE DOOR

28 SO82-B2 EXPERIMENT APERTURE DOOR
29 SO82-B FILM RETRIEVAL DOOR
30 CANISTER SOLAR SHIELD
31 CANISTER
32 CANISTER RADIATOR
33 RACK
34 CHARGER-BATTERY-REGULATOR MODULES (18 PLACES)
35 HANDRAIL
36 CMG INVERTER ASSEMBLY (3 PLACES)
37 CONTROL MOMENT GYRO (3 PLACES)
38 SOLAR WING SUPPORT STRUCTURE (3 PLACES)
39 ATM OUTRIGGERS (3 PLACES)

未苒 A三DR | 探索家

SPACE
STATIONS

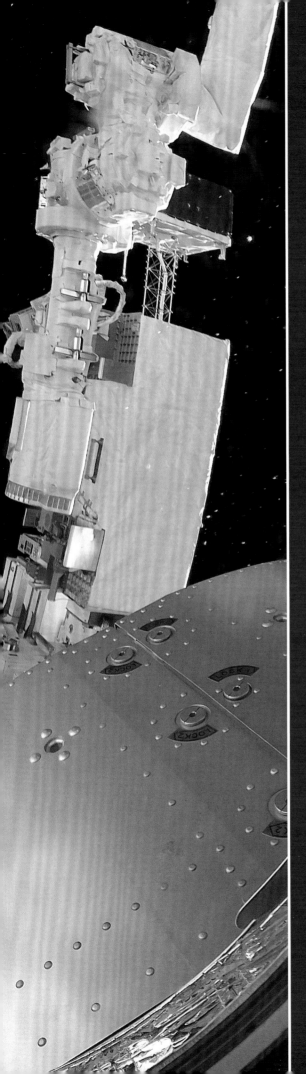

空间站简史

SPACE
STATIONS

前往下一颗星球的前哨

RON MILLER　　　〔美〕罗恩·米勒

GARY KITMACHER　〔美〕加里·基特马赫

ROBERT PEARLMAN 〔美〕罗伯特·珀尔曼　著

罗妍莉　译

THE ART, SCIENCE, AND REALITY
OF WORKING IN SPACE

四川科学技术出版社

目录

景的创造性构想，这种构想至今依旧鼓舞人心、发人深省。我们仍然向往巨大双轮空间站的技术美感及其功能，仍然渴望在地球之外旅行、探索和居住。我仍然满怀希望地相信，在未来的日子里，小说中的构想依旧能不断化作现实。与此同时，"地球升起"那张照片与所有人分享了我们家园的美景，也分享了我们自身与家园之间的有力关联，深刻传达出我们之间相互联系、彼此依赖的现实状态——我们生活在同一个星球上，我们都是地球人。

　　我本人相当热爱那些艺术和科学发生交集时形成的奇妙事物，我非常高兴这本佳作的作者选择呈现的是与宇宙空间站相关的人类故事，不仅有关于空间站的工程内容，还有它们与人类的关系。本书以富于美感的形式，呈现了基于科幻小说并赋予我们灵感的未来愿景，就像我们在《2001：太空漫游》中看到的那样，呈现了"地球升起"那张照片里反映的人类现实，也呈现了空间站项目（如国际空间站）中的国际合作伙伴关系。我们在空间站上共同生活、工作，就是一个很好的例证，足以说明我们在地球上可以团结一致，在其他任何一处人类探索和定居之地也能和谐共存。正是在太空探索与艺术、科学和工程的结合中，我们才能找到彼此共有的人性。

第1章

空间站：背景

当人们仰望夜空时，会想象去其他可见星球旅行将是怎样的情形，如去月球；随着天文望远镜的出现，人们对去其他星球也产生了兴趣，如去火星。科学家们思索着，我们会不会有一天在这样的行星上生活。同样具有吸引力和挑战性的另一种可能性，则是生活在广袤的太空中。

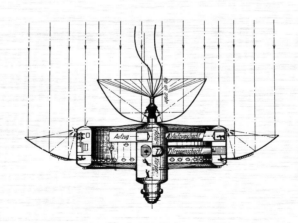

（左图）这幅插图见于赫尔曼·诺丁（Hermann Noordung）的《太空旅行问题》（*The Problem of Space Travel*），该书第一次严肃地对轨道空间站进行研究。图中，左下方为空间站本身，顶上则是辅助太阳能发电机（"机房"），右侧为瞭望台。

（上图）诺丁在 1929 年设计的"旋转屋"横截面图，说明了居住区域与大型太阳能镜的关系。

空间站：背景

1609 年的一个秋夜，世界永远改变了。在此之前，人们以为地球在宇宙中是独一无二的，除了我们所处的世界之外，再也没有别的世界了，而"行星"这个词仅用于指代某一类特殊的流浪星体。

大约 10 个月前，一位名叫伽利略的意大利科学家听说荷兰发明了一种新型的管状光学设备。该设备具有非凡的特性——无论将其指向何物，通过这根管子向外看时，物体都是被放大的。这项发明被称为"望远镜"。由于该发明所宣称的特性相当厉害，以至于伽利略对此表示怀疑。直到一位法国同事贾科莫·巴多维尔（Giacomo Badovere）证实了这一传言，伽利略才决定亲自动手制作一件"望远镜"。在进行了若干次试验之后，他用薄铅板制成了一根管子，两头各安装了一个玻璃镜头。

伽利略的发现

望远镜这一发明最初是为了帮助水手和士兵，但在 1609 年 11 月 30 日这天晚上，伽利略做了一件任何人都没有想到的事：他把这个仪器对准了夜空。在那一瞬间，人类对自身在宇宙中所处位置的感知——事实上，也可以说是对地球本身性质的感知——发生了永久性的改变。

伽利略发现，在地球以外，太空中还存在着其他世界。这一发现引起了轰动，还引发了许多问题。这些世界是什么样的？上面可能生活着什么奇怪生物？也许最重要的是，人类有可能去往这些世界吗？

最后一个问题或多或少地直接促成了宇宙飞船的发明，进而推动了空间站的建立。科学家们考虑过所有想得到的太空旅行办法，从高空气球和力量大得不可思议的弹射器，到把一位勇敢的宇航员绑在一群飞往月球的鹅身上。尽管富于创造力的人纷纷探索如何前往月球和其他星球，却几乎无人想到一个看似不可能且毫无意义的办法：生活在两颗星球之间。

⬥ 在《来自月球的石头》（原书名为 Der Stein vom Mond，英文译名为 The Stone From The Moon）一书中，奥托·威利·盖尔（Otto Willi Gail）描述了阿斯特波尔空间站与一面将光和热反射到地球极地的镜子。

空间站的发展，就像太阳升起一样必然。

——沃纳·冯·布劳恩（Wernher von Braun）

飘浮在太空中

生活在太空，这一想法就像期待诸如麦哲伦或库克这样伟大的探险家满足于在大陆之间航行却从不踏足外星球的海岸。但是这项挑战就摆在那里，而科学很快就回答了"如何实现"这个问题。当艾萨克·牛顿定义了第三运动定律——每种作用力都

有一个与之大小相等，但方向相反的反作用力——从而揭示出火箭推进的秘密时，这个问题就已经有了答案。

在 19 世纪后半叶，少数思想自由的先驱开始讨论在太空中建空间站的可能性。爱德华·埃弗雷特·黑尔（Edward Everett Hale）便是其中之一，他描述了一颗人造地球卫星，它具备现代空间站的大部分功能，如气象观测、导航和通信。后来的作家们都认可这些可能性，而其他人则认为这样的空间站或许会成为进入太空更深处的垫脚石。比如，宇宙飞船添加燃料时可以去空间站，或者乘客和机组人员也可以在这里换乘飞往某颗行星的宇宙飞船。

康斯坦丁·齐奥尔科夫斯基（Konstantin Tsiolkovsky）是最早深入研究大型空间站设计的科学家之一。早在 1894 年，他就描述了环绕地球轨道的"太空小屋"。从各方面来看，"太空小屋"其实就是一座空间站，可以用来进行天文观测。他还为其配备了一间温室，以栽种植物，作为氧气和食物的来源。一年后，他又构想了一颗人造卫星，科学家可以用它开展科学实验。

1895 年，齐奥尔科夫斯基在《地球与天空之梦》（Dreams of Earth and Sky）中描写了一座绕地球运行的空间站，距离地面有 2000~3200 千米，"逐渐出现了从地球自带补给、材料、机器和建筑的聚居地"。在他 1929 年的著作《航天学目标》（The Goals of Astronautics）中，齐奥尔科夫斯基写道："到目前为止，登上大型天体尚且属于难以企及的梦想……即便是登上像我们的月球这样较小的天体，也要等到非常遥远的未来才能实现。我们可以实际探讨的是去往某些较小的天体和卫星，例如……"他说，既然我们有可能前往像小

◁◁▷ 20世纪50年代初，科幻插画家弗兰克·保罗（Frank R. Paul）预言，空间站可为地球上的观测者进行太阳图像的电视转播。

▷ 一幅19世纪的法国卡通画，这幅画以典型的天马行空风格描绘了未来旅行者飞越太空的星际中转站。

行星那样微小的天体，那为何不能去往人造的小行星呢？"怎样，"他问道，"才能建造这样一处住所呢？它是一个圆柱体，两端封闭，表面为半球形……这处住所建成后，应当可以容纳数百或数千人，墙壁的厚度成了一个实际问题……它表面的三分之一朝向太阳，由格子窗玻璃组成……"这个管状体直径应在2~3米，长度或许可达3000米，甚至更长。它将被划分成300个隔间，每个隔间都足够容纳一家人和一座能够满足他们需要的花园。

齐奥尔科夫斯基的管状空间聚居地肯定是失重的，因为他没有提及如何提供人工重力。如果实践证明，失重状态将成为一个问题的话，那么他建议实施另一种替代性设计方案。这一方案采用的是巨大的圆锥体设计，圆锥底部是一个透明的球形表面，朝向太阳，为圆锥内部提供光线和温暖。圆锥本体本身会围绕其纵轴旋转，在被泥土覆盖的内部表面产生一种重力感。以前从未有人设想过空间站会有这么大的规模，也没人提过可能会有人永久居住于空间站内。

1923年，具有开创性的宇航先驱赫尔曼·奥伯特（Hermann Oberth）出版了《飞向星际空间的火箭》（原书名为 Die Rakete zu den Planetenräumen，英文译名为 The Rocket into Planetary Space）一书，首次提出了一条严肃的建议：让载人空间站出现在科学文献中，而非小说中。他构想的空间站内有人永久居住，空间站在距地球1000千米的轨道上运行，定期由来自地球的火箭提供补给，并通过旋转为空间站内的宇航员提供人工重力，宇航员将在此从事科学观测，并为星际飞船补给燃料。事实上，正是在这本书中，奥伯特发明了"空间站"一词。几年之后，奥伯特又出版了具有里程碑意义的《通向航天之路》（原书名为 Wege zur Raumschiffahrt，英文名为 The Way to Spaceflight）。在这本书中，他详细介绍了几处轨道空间站的具体细节，包括建造巨大的镜子，将太阳光反射到地球表面。

工程师们

大概是在奥伯特提出上述构想的同一时期，奥地利男爵圭多·冯·皮奎特（Guido von Pirquet）为空间站充当通往太空的中继站奠定了数学基础。他说，与从地球表面直接发射相比，从空间站向月球和其他行星发射宇宙飞船要实际得多。他提出，可以开发三种不同类型的空间站：第一种空间站将专门用于地球观测，在750千米的高度上绕轨道飞行；第二种空间站将在5000千米高的轨道上运行，作为飞往各行星的航天器的发射平台；第三种空间站则将在与前两种空间站轨道相交的高椭圆轨道上运行。

旋转栖息地

1928年，有人以"赫尔曼·诺丁"之名发表了第一份详细的空间站设计工程报告，这无疑也是最具影响力的一份。"赫尔曼·诺丁"其实是赫尔曼·波托尼克（Herman Potočnik）的化名，在一本名为《太空旅行问题》的薄书里，他描述了一种自己精心构想出的轨道空间站概念，并将其命名为"旋转栖息地"。

旋转栖息地的结构形似一个甜甜圈，与后来沃纳·冯·布劳恩和其他人提出的想法并没有太大不同。诺丁的旋转屋构想是一系列空间站设计的先驱，一直到20世纪60年代甚至更晚，我们仍可以看到类似的设计。年轻的沃纳·冯·布劳恩甚至有可能是从诺丁的书中汲取了灵感，在1929年写出了一篇名为《吕内塔》（Lunetta）的短篇小说，讲述一次空间站之旅。

在诺丁的著作问世20年后，哈里·罗斯（H.E.Ross）与工程师兼艺术家拉尔夫·史密斯（R.A.Smith）合作，向英国星际协会（British Interplanetary Society）提交了一项空间站设计，实际上算是"旋转屋"的升级版。他们的设计修正了诺丁的诸多错误，还进行了大量改进。关于空间站的构想，正在理论和实践上一步步往前迈进。

哥白尼、布拉赫、开普勒、牛顿

1507年，一场科学领域的思想革命始于哥白尼，他想简化希腊人熟知的托勒密宇宙观。哥白尼说，如果太阳位于宇宙中心，而各行星围绕太阳旋转，那就简单多了。哥白尼还说，地球是太阳的第三颗行星。其他人也开始证实他的说法是正确的。第谷·布拉赫则试着更好地预测行星的运动，他并不信服哥白尼的"日心说"宇宙观。

约翰尼斯·开普勒是布拉赫的助手，他致力于用布拉赫几十年来积累的数据解释天体的和谐运动。开普勒的研究显示，如果天体沿椭圆形轨道运行，太阳位于轨道焦点且行星的运动速度与其相对于太阳的距离相关，就可以完美地解释布拉赫的数据。与此同时，伽利略让他的新发明——望远镜——派上大用场，借此发现了新的恒星、围绕木星运行的卫星、金星的相位以及月球上的海洋和山脉。他还观察到土星不是球体，其两边都有类似"小耳朵"的凸起。伽利略展示出的宇宙并不完美，尽管他支持的"日心说"在当时被视为"异端邪说"，但他的成果启发了其他人进一步去探索

⬆ 丹麦天文学家第谷·布拉赫虽从未接受过"日心说"理论，但他的悉心观测仍然给"日心说"奠定了基础。

◗ 波兰神父兼天文学家尼古拉斯·哥白尼发现，解释行星运动最简单的办法，就是假设它们和地球一起围绕太阳运转。

和想象。开普勒听闻了伽利略的发现，并在 1630 年创作出一篇小说，描述了一次访问月球的假想之旅。他将地球写成"群星之间一个微不足道的渺小世界"，并说"总有一天会造出能飞越太空的飞船，一旦建成，人类就将迈出一大步，驾驶着它们航行于太空"。

艾萨克·牛顿后来读到了开普勒的行星运动定律，又了解到伽利略在比萨斜塔上得出的论证，即物体下落的时间与其质量无关。1665 年，牛顿坐在自家花园里的时候，看到一个苹果落在地上。他想到了伽利略加速下落的石块，想到了把苹果和石块引向地球的那股力量——引力。他由此推测，正是同一股力量将月球引向地球、将行星引向太阳。之前，开普勒已经定义过描述行星运动的定律；牛顿则于 1687 年在他所著的《自然哲学的数学原理》一书中阐述了下落的石块、行星和抛物运动的定律。按照他的假设，重力可以描述未来人类飞离地球的轨迹。

⬦ 按照托勒密的宇宙观，地球位于宇宙中心，太阳和各行星围绕着它旋转，而群星则在一个遥远的壳层中围绕着上述诸天体运转。这个宇宙模型盛行了千百年，直至被科学推翻。

⬦ 德国数学家约翰尼斯·开普勒阐述了控制轨道天体（包括卫星和空间站）运行的物理定律。

⬦ 艾萨克·牛顿的肖像。掉落的苹果促使他思考万有引力理论，并提出了支撑物理学的几大运动定律。

抛射体、重力和运动

牛顿是第一个解释引力本质的人，这种力就是两个有质量的物体之间相互吸引而产生的力。他把这两个物体产生的反应描述为运动变化，它们的运动变化程度（加速度）可以被相当精确地描述出来，从而对物体的运动做出预测。它既适用于掉落的苹果，也适用于轨道上的行星。

牛顿还提出了运动三定律：（1）除非受到外力作用，否则静止的物体将保持静止状态。（2）力等于质量乘以加速度；加速度与作用力成正比，与物体质量成反比。（3）每个作用力都有一个与之大小相等、方向相反的反作用力。根据上述定律，牛顿推导出了万有引力定律，即万有引力与两个相互吸引的物体的质量的乘积成正比，与二者之间距离的平方成反比。牛顿的理论不仅能解释开普勒的行星运动定律为什么是开普勒观察到的那样，而且几乎能够解释宇宙中的所有运动。

牛顿定律解释了抛射体运动。将一个抛射体抛向空中，它的上升速度会因重力而减慢，当它达到最高点时，就开始回落，下落速度在其下降过程中逐渐加快，且增速保持不变。如果将抛射体水平抛出，由于重力的作

○ 在《从地球到月球》（From the Earth to the Moon，1865 年）一书中，凡尔纳笔下的宇航员想把一只死狗扔到飞船外，结果发现在真空中，两个物体会以相同的速度运动。

○ 牛顿所著《原理》的扉页，书中描述了第二和第三运动定律，为现代火箭学及航天学奠定了基础。

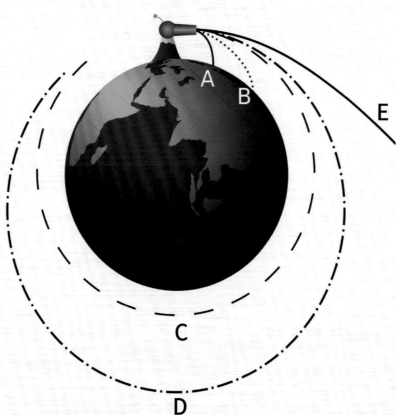

○ 牛顿用从高山上发射炮弹的例子来解释轨道运行的原理。如果抛射体的速度不够快，就会落回地球上（如图中 A、B 所示），但抛射体的速度越快，就会在落回地面前飞得越远。最终，在抛射体达到一定速度时，其下落曲线将与地球的弧度一致（如图中 C、D 所示），于是该抛射体将环绕地球运行，落向始终朝着地球，但永远不会到达。如果速度太快，抛射体就会脱离轨道（如图中 E 所示）。

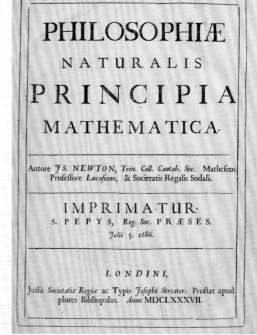

PHILOSOPHIÆ
NATURALIS
PRINCIPIA
MATHEMATICA.

Autore JS. NEWTON, Trin. Coll. Cantab. Soc. Matheseos Professore Lucasiano, & Societatis Regalis Sodali.

IMPRIMATUR·
S. PEPYS, Reg. Soc. PRÆSES.
Julii 5. 1686.

LONDINI,

Jussu Societatis Regiæ ac Typis Josephi Streater. Prostat apud plures Bibliopolas. Anno MDCLXXXVII.

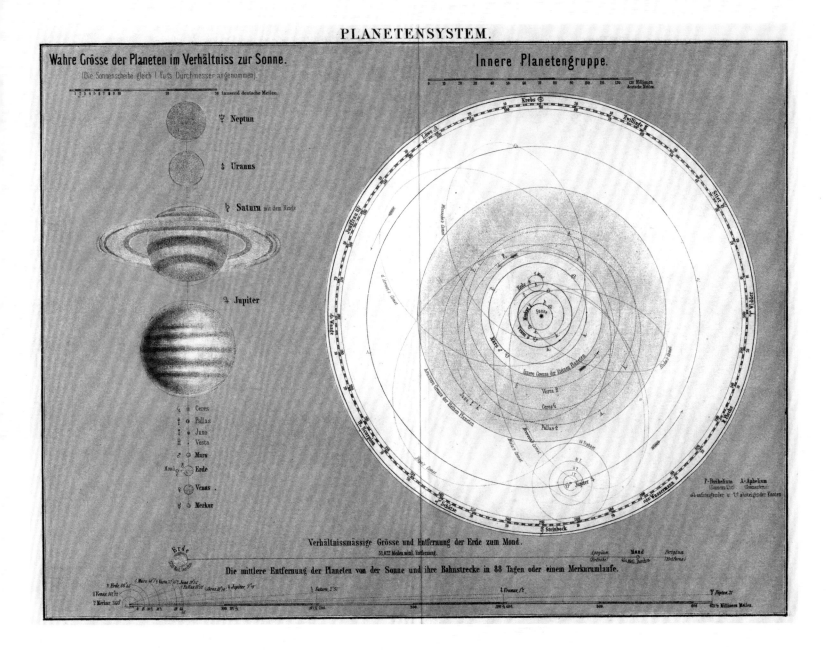

用，它也会下落，且运动方式为匀加速运动（加速度与重力加速度相等）。抛射体水平掷出时的初速度越大，它在落地之前就飞得越远。由于地球是一个球体，如果抛射体抛出时的初速度足够大，就能在落地之前绕地球一周。当抛射体能绕地球飞行一周时，就被称为在轨运行。

艾萨克·牛顿根据行星之间的引力效应来解释行星的运动。许多人认为宇宙是个无重力的地方，宇航员在太空中失重飘浮，其实这是一种常见的误解。在太空以及太阳系内，重力无处不在。失重感的产生并不是因为重力不存在，而是由于物体在真空空间内沿轨道运行时做自由落体运动。

☉ 19世纪中叶的一份德国出版物显示出对行星轨道的认识是如何深深植根于这一世纪的天文学当中的。

☉ 约翰尼斯·开普勒发现行星沿椭圆形轨道运行，离太阳最近时，它们的运行速度最快，离太阳最远时则运行速度最慢。

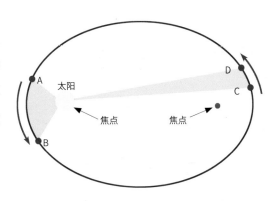

思想起源

虽然将某种物体，甚至是其中有人居住的物体，送入环绕地球的轨道确实有可能，但这么做有何意义呢？当然，去另一颗星球旅行要比永远在我们这个世界的上空更有意义。1869 年，有位早期的思想家——美国牧师爱德华·埃弗雷特·黑尔回答了这个问题。

在他的短篇小说《砖卫星》（*The Brick Moon*，1869 年）中，黑尔预见了人造地球卫星的诸多现代用途。他建议将其当作导航辅助设备，用于测绘、军事侦察、通信和观测气象等。此外，人造地球卫星还可以成为人类潜在的栖息地，而这也是目前对于我们来说最重要的一点。黑尔虽然不是第一个描述人造地球卫星的人（这项殊荣属于艾萨克·牛顿），但他首次意识到人造地球卫星的实际用途，还首次构想了有人类居住的人造地球卫星。

在黑尔的小说中，一群美国企业家决定将一颗卫星发射到地球轨道上，用作海员的导航辅助设备，使他们可以借助卫星已知的准确位置来对经度进行精算。如果初次试验成功，还将再发射三颗卫星，这么一来，人们从地球上的任何一个地方，都能看到其中的某一颗卫星。这些人造卫星是由砖块制成

的直径为 60 米的空心球体，内部有 13 个较小的空心砖球，整体形成一个强度大、重量轻的结构。一对巨大的飞轮将以瀑布产生的水能作为动力，把这颗砖砌的卫星弹射入轨道。

然而，一起不幸事故导致卫星过早发射，卫星上的工作人员及其家人一起被带进了太空。几个月后，天文学家最终通过望远镜找到了这颗人造卫星所在的位置，并惊奇地发现它不再是红色的了，而是变成了绿色。天文学家还看到卫星上有微小的黑色斑点在移动，这些斑点正是上面的工作人员，他们奇迹般地在时机并不成熟的发射当中活了下来。天文学家通过一种类似旗语的办法实现了与卫星的通信，他们得知，砖卫星上不仅有生命，还生长得欣欣向荣。卫星上有降雨，植物以惊人的速度进化着（"写信给达尔文，就说他的理论完全是正确的。

我们这儿一开始只有地衣，现在连棕榈树和铁杉都有了"）。

卫星上的居民被称作"砖人"，他们把对地球的观测结果传送给科学家们，还汇报了下方的风暴，并告知地理学家南北两极和非洲内陆的自然状况。

在小说中，地球人想出了一个办法，可以将补给品送到"砖人"手中（黑尔甚至还考虑到了应当采取防护措施，以抵御包裹被发射到太空时大气摩擦产生的热量）。这些尝试并非每次都能成功。有个容器在途中破裂了，失望的"砖人"不得不报告称："除了两只槌球和一匹瓷马以外，什么也没收到。"虽然黑尔的小说本意在于幽默和讽刺，却受到了科学家们的好评，火星的两颗卫星——火卫一和火卫二的发现者阿萨夫·霍尔（Asaph Hall）还给黑尔寄去了一封贺信。

① 爱德华·埃弗雷特·黑尔的砖卫星在地球上建成，借助强大的水力驱动飞轮发射到太空。

② 砖卫星上的居民获取从地球上发射来的补给物。不幸的是，有一捆书没有命中目标，所有的书都变成了这颗卫星的卫星。

③

③ 砖卫星很快就形成了自身的天气系统和气候，这颗小卫星上最终进化出了植物，甚至生长得欣欣向荣。

④《砖卫星》的现代版封面，图中展示了卫星居民是如何通过织物拼出6米高的字母，从而与地球进行交流的。

THE
BRICK
MOON

HELLO

EDWARD EVERETT HALE

④

库尔德·拉斯维茨

1897 年，德国作家库尔德·拉斯维茨（Kurd Lasswitz）出版了科幻小说《在两颗行星上》（原书名为 *Auf zwei Planeten*，英文译名为 *On Two Planets*）。在这部颇具幻想性的小说中，一群特别热衷冒险的热气球驾驶员试图飞越北极，却被一个磁场捕获，陡然上升到了北极上空 6115 千米处的一个火星人空间站。因为地球处于快速自转中，在赤道处的时速可达 1609 千米，这导致除了相对静止的两极以外，在地球上的其他地方着陆都相当危险，所以火星人将这座空间站当成了基地，让他们的宇宙飞船安全接近地球并顺利着陆。

拉斯维茨将空间站描述为一个直径 120 米的轮子，在极点上空盘旋着。空间站需要的所有能量都来自太阳。环形空间站周围是宽阔平整的圆盘，它将空间站的半径再扩大了 200 米。这些圆盘可以起到类似飞轮的作用，帮助空间站保持不变的姿态。主环则包含了火星人的生活区域以及与他们的宇宙飞船对接的设施。

虽然这部小说的英译本直到 1971 年才出版，但《在两颗行星上》早已被译为多国语言，在欧洲各国出版，对当时刚开始重视航天的众多工程师和科学家产生了重要影响。一位名叫沃纳·冯·布劳恩的德国年轻人便是其中之一。"我永远也不会忘记，"他这样写道，"我年轻时是如何满怀好奇和兴奋，如饥似渴地读完了这本小说……从这本书中，读者可以略窥 19 世纪末期人们思想的丰富性，而 20 世纪的科技进步正是以此为基础。"

AUF ZWEI PLANETEN

Roman   Kurd Lasswitz

Scheffle

○ 库尔德·拉斯维茨的《在两颗行星上》德文版封面，1948 年版。

○ 库尔德·拉斯维茨学习的是数学和物理，他职业生涯中的大部分时间都担任教师一职。虽然他写过大量科幻小说，但时至今日，他最著名的作品仍是《在两颗行星上》。

康斯坦丁·齐奥尔科夫斯基

拉斯维茨之后，又出现了俄国数学教师康斯坦丁·齐奥尔科夫斯基。1895 年，他出版了一部科幻小说，名为《地月现象和万有引力效应》（*Reflections on Earth and Heaven and the Effects of Universal Gravitation*），并在书中描述了可以作为火箭发射基地的小行星和人造卫星。他提出，空间站的旋转可以产生人工重力。1903 年，他提出了无人驾驶"卫星火箭"的可能性，1911 年，他又描述了一种载人火箭。1911—1926 年，齐奥尔科夫斯基把诸多想法建立在严格的数学基础上，这还是第一次有人这样做。

齐奥尔科夫斯基谈到了如何在地球轨道上建立宇航员的永久性栖息地这一问题。他首次提及这一点是在 1883 年的《自由太空》（*Free Space*）一书中。他有许多早期作品都主要关注生命维持系统和轨道建设。他在晚年，也就是 20 世纪 20 年代，写下了轨道栖息地的若干种不同设计方式，包括圆柱体、环形体和圆锥体。他的"太空栖息地"会通过旋转来提供人工重力，内部犹如公园一般，有花园和树木，这样就可以自给自足。他有许多作品直到他去世之后才得以出版。

○ 康斯坦丁·齐奥尔科夫斯基。在 1897 年拍摄这张照片时，他已经出版了一本关于未来太空旅行的科幻小说。

○ 19 世纪 80 年代，齐奥尔科夫斯基画出了这幅太空栖息地的草图。自 1903 年起，他又将其发展成了更详细的概念。

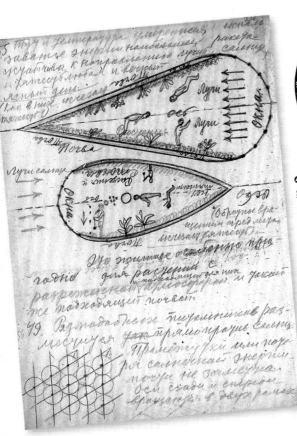

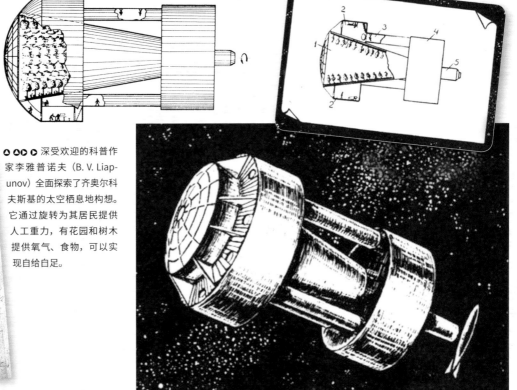

○ ○○ ○ 深受欢迎的科普作家李雅普诺夫（B. V. Liapunov）全面探索了齐奥尔科夫斯基的太空栖息地构想。它通过旋转为其居民提供人工重力，有花园和树木提供氧气、食物，可以实现自给自足。

19

诺丁上尉和他的旋转屋

　　赫尔曼·诺丁是赫尔曼·波托尼克的化名，他学习过工程学，并在奥匈帝国任陆军中尉。第一次世界大战期间，他在奥匈帝国军中效力。战争期间，他感染了肺结核，后以上尉军衔退役。诺丁后来获得工程学博士学位，余生都致力于研究火箭航行和太空生活中的问题。

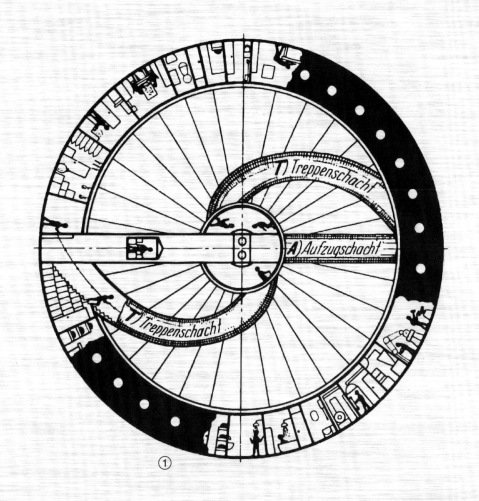

①

②

① 诺丁空间站的平面图，直径为 30 米。图中绘出了各种不同舱室，还有电梯和螺旋楼梯，宇航员在攀爬楼梯时，头部和双脚与轮形空间站旋转产生的人工重力始终保持方向一致。
② 赫尔曼·诺丁在从军前曾学习过工程学。
③ 诺丁经典著作《太空旅行问题》的原版封面。
④ 空间站的太阳能反射镜细节。这些太阳能镜聚集阳光并产生蒸汽，进而为发电机提供动力。
⑤ 弗兰克·保罗为《科学奇迹故事》杂志（*Science Wonder Stories*，1929 年 8 月刊）封面创作取材于诺丁著作的插图，这是空间站首次出现在英文出版物上。

　　皮奎特曾建议，空间站可以作为星际空间飞行的中转站，受此启发，诺丁发展出了自己的理论。受到赫尔曼·奥伯特的激励，他于 1929 年在《太空旅行问题》一书中将这些观点公之于众，可惜同年他就去世了。

　　这本书之所以具有重要的科学意义，是因为对空间站建设工程方面的问题进行了广泛而详尽的论述。虽然其他作者也探讨了空间站在概念上的重要性，但这样的空间站应当采取何种形式或如何建造，几乎无人提出过。

　　诺丁虽犯了不计其数的错误，但在很多细节上都是正确的。例如，他的空间站设置了一个气闸，通过反射太阳光的镜子供应电力，由涡轮机旋转产生动能。他的空间站也通过旋转来提供人工重力。诺丁考虑了空间站建设当中的每一个细节，他所写的诸多内容都与天空实验室空间站（Skylab）和国际空间站一致，但在时间上提早了几十年。"整个结构，"他写道，"包括上面的设备在内，都必须先在地球上完成组装，并进行可靠性测试。此外，还必须以能轻松拆卸成各个部件的方式建造，如果有可能的话，还可以拆成装备齐全的独立'单元'，这些单元可以通过宇宙飞船运到外太空，并毫不费力地重新组装起来。"

　　他还描述了诸多细节，比如空间站内部如何照明，水如何循环利用，如何采用能够净化、再生和加热的通风系统来处理空气等。"宇航员会通过无线电与地球进行通信，空间站本身将由陀螺仪飞轮和小型推进器控制。"旋转栖息地内将包含宇航员工作和学习区域、居住舱、食堂、实验室、车间、暗室等，以及普通公用区域，如厨房、浴室、洗衣房及类似区域。

③

④

⑤

对我而言，火箭只是一种手段，
一种到达太空更远处的方法，而非目的本身。
毫无疑问，拥有火箭飞船非常重要，
因为它们将帮助人类在宇宙的其他地方定居。

——康斯坦丁·齐奥尔科夫斯基

史密斯 – 罗斯空间站

在 1949 年发表的一篇题为《轨道基地》（*Orbital Bases*）的论文中，英国星际协会的哈里·罗斯和拉尔夫·史密斯根据 20 年前赫尔曼·诺丁最初的构想设计出了一个空间站。

① 这幅正在建设中的空间站图片由其设计师之一——拉尔夫·史密斯绘制，他不仅是一名工程师，还是一位卓越的艺术家。

② 史密斯 – 罗斯空间站虽从未像沃纳·冯·布劳恩的轮形空间站那样激起公众的想象力，但仍旧激发了众多插画家的灵感。这幅插图是美国艺术家弗雷德·沃尔夫（Fred Wolff）于 1954 年所作。

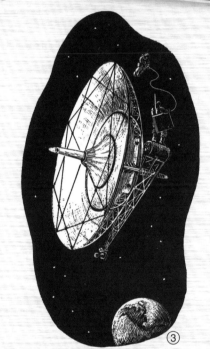

③ 尽管所画的比例至少错了 10 倍，但亨利·比林斯（Henry Billings）于 1954 年绘制的这幅版画本身仍不失为佳作。

20 世纪 40 年代末，英国星际协会工程师哈里·罗斯和工程师兼艺术家拉尔夫·史密斯开始思索，是否需要开发载人的人造卫星（或者叫"轨道基地"）。按照他们的观点，唯有在地球大气层的上方，人类才能研究太阳辐射和宇宙射线。他们认为，这对人类航天事业的发展至关重要。此外，这样的空间站可以观测地球上的天气状况，也可以作为飞往月球或其他行星的航天器的中转站。另一项有价值的功能在于通信，因为一系列空间站可以提供覆盖全球的电视和无线电信号。在描述史密斯 – 罗斯空间站时，阿瑟·克拉克曾在《月球探索》（The

Exploration of the Moon，1954 年）一书中提出："这会带来巨大的经济效益，这些轨道上的无线电台或许可以凭借自身的收益来为航天事业的初期发展筹集资金。"

一系列补给火箭会从地球上将待组装的预制部件发射升空，宇航员则会用这些部件在轨道上自行组装史密斯 – 罗斯空间站。空间站本身将由 3 个主要单元组成。第一个单元是直径 30 米的环形生活区，它通过旋转的方式来提供人工重力。第二个单元是一个直径 55 米的抛物面镜，它或许也是空间站最明显的一项特征。这块镜面是为空间站

供电的太阳能发电系统的一部分，阳光聚焦在充满液体的管道系统上，产生的蒸汽为 8 个发电涡轮机提供动力。栖息地内有两条同心圆形状的走廊，细分为宇航员居住区、实验室、车间、厨房、无线电室及储物间等。空间站上会有 24 名常住机组人员，他们每年会消耗 32~54 吨水和氧气以及 10.78 吨食物。中心枢纽区有污水再利用设施、气罐、无线电设备和飞轮（用于调整空间站的姿态）。两位作者将空间站上的居住和工作空间比作一幢长 137 米、宽 4.9 米、高 3 米的平房。空间站的第三个特色单元是一根巨大的吊杆，从正对镜面的中心

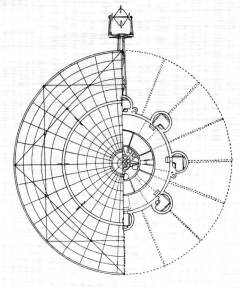

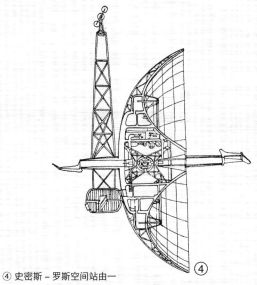

④ 史密斯－罗斯空间站由一面巨大的镜子提供动力，它将太阳的热量聚焦于锅炉上，锅炉产生的蒸汽则用于涡轮机发电。桅杆上装有通信天线和气闸，可以与空间站成反方向旋转。

⑤ 空间站将由来自地球的运载火箭提供补给，将食品、药品、科研设备、建筑材料和人员运送到基地。

枢纽位置伸出，一端装有空间站的无线电天线，另一端则是空间站的气闸。正常情况下，当空间站旋转时，吊杆部位保持静止。若要使用气闸，从邻近的宇宙飞船向空间站内转移的宇航员就应该先进入气闸，这样既安全又轻松，因为气闸相对于宇宙飞船是静止的。然后，吊杆会慢慢加速，直到其旋转速度与空间站的旋转速度达到一致，此时宇航员就可以从气闸进入空间站了。空间站的旋转必不可少，这为宇航员提供了重力感。它每7秒旋转1次，会在空间站的大部分区域产生相当于地球上的重力，也就是1G。

至于在这种不同于地球的地方生活会是怎样的情形，两位作者就让读者去自由想象了："这里的地板是向上弯曲的，会让人觉得某位同事快要跌倒了；台球桌的表面则是凹面，令人觉得不可思议，然而台球可以在桌面上以相当正常的方式滚动。"（哈里·罗斯，《轨道基地》，1949年）

人类必须不惜一切代价去克服地球的引力，
进入太空，以备不测，
至少也要进入太阳系内的宇宙空间。

——康斯坦丁·齐奥尔科夫斯基

阿斯特波尔空间站

自从拉斯维茨的《在两颗行星上》出版以后，直到 1926 年，奥托·威利·盖尔发表了小说《来自月球的石头》，空间站这才又一次在科幻小说中闪亮登场。按照盖尔的描述，阿斯特波尔空间站位于地球上空 95 000 千米的极地轨道上。由 8 艘宇宙飞船组成的舰队负责地球和阿斯特波尔之间的交通，阿斯特波尔也充当着飞往金星的宇宙飞船的中转站。阿斯特波尔以金属钠为建造材料，围绕位于其核心位置的一艘宇宙飞船建成，这一点与达雷尔·罗米克（Darrell Romick，1915—2008 年）于 1956 年提出的巨型空间站的发展方向非常相似。空间站的形状类似于一个粗短的圆柱体，直径近 120 米，一根轴的末端设有反向旋转的瞭望台，另一根轴上有个对接宇宙飞船的气闸。宇航员居住舱在一个旋转的"重力单元"内，位于与空间站相连的一根长链末端。

○ 奥托·威利·盖尔（1896—1956 年）是德国著名的科普作家及科幻小说作家，在 20 世纪二三十年代这一动荡时期，在德国工作的众多理论家和实验工作者对他造成了深刻的影响。

○○《来自月球的石头》一书对阿斯特波尔空间站进行了详细描述，包括关于空间站建造和操作的无数细节。由弗兰克·保罗绘制的这些插图摘自该书的英译本，见于 1930 年的《科学奇迹季刊》。

乔纳森·斯威夫特的飞岛

　　虽然在小说中描写真正的空间站的第一人是黑尔,但我们对乔纳森·斯威夫特(Jonathan Swift)于 1726 年出版的讽刺小说《格列佛游记》也不得不表示赞许。书中主人公在各个奇特的国度有无数冒险经历,最终来到了勒皮他岛。斯威夫特将勒皮他岛形容成一个直径约 7 千米的人造结构,形状类似于一个底部扁平的圆顶,通过一块巨大的磁石悬浮在地球表面。勒皮他岛不围绕我们这颗星球旋转——事实上,它永远在巴尔尼巴比岛上空盘旋——正是由于与这座岛上的矿物之间存在斥力,勒皮他岛才会悬浮在空中。然而,这仍然是最早出现在书中的悬浮在地球上空、自给自足的人造世界之一。

◑《格列佛游记》法文译本(1875 年)中的插图。图中,格列佛正挥舞着手帕,想要引起从勒皮他岛俯瞰下方的人们注意。

◐ 宫崎骏的动画电影《天空之城》(1986 年)便是以这座飘浮在空中的岛屿为主题,其灵感源于勒皮他岛的故事。

◑ 这张地图收录在《格列佛游记》原版中,图上显示了勒皮他岛的位置及其在巴尔尼巴比岛上空经过时的运动轨迹。

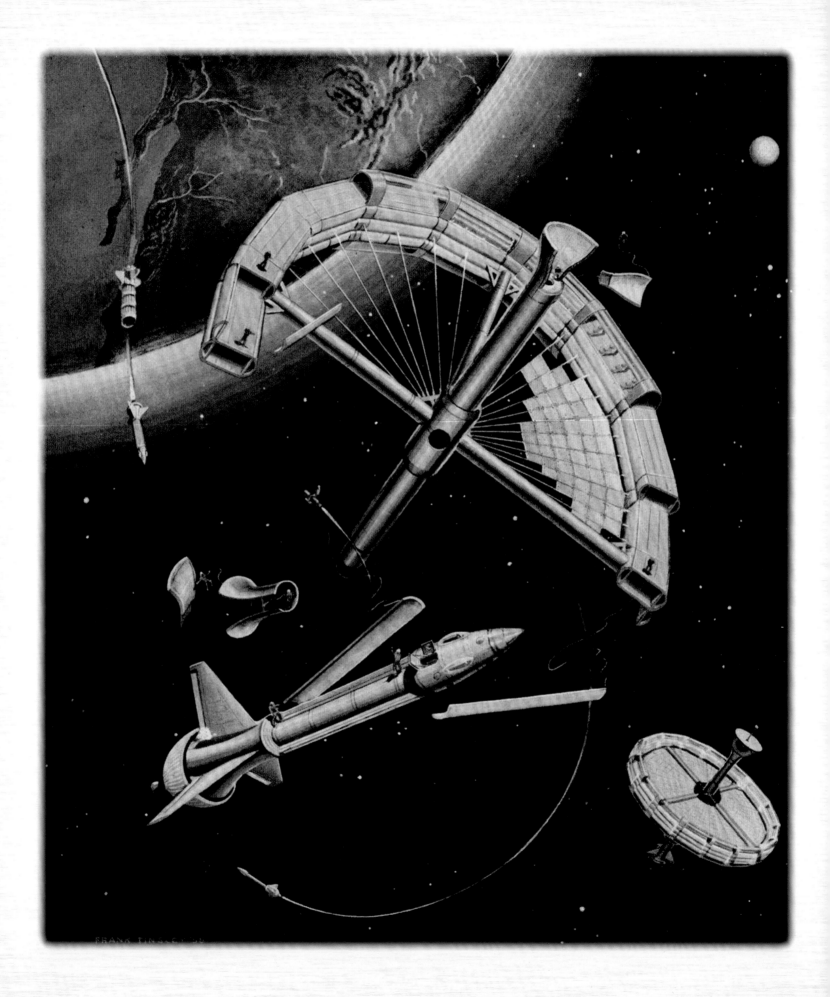

第 2 章

太空生活计划

第二次世界大战期间，科学家和工程师大力发展了火箭技术，主要是将其用作武器。然而，随着火箭的威力越来越大，在太空中建造永久的载人轨道飞行器的想法似乎也不再是幻想。事实上，第二次世界大战之后，许多人认为人造卫星不仅可能存在，而且绝对有必要存在，空间站正是实现这一目标的垫脚石。

（左图）1958 年，著名作家兼插画家弗兰克·廷斯利（Frank Tinsley）绘制了这幅富于远见的太阳能空间站图。

艺术家杰克·考金斯（Jack Coggins）是认为空间站上的机组人员或许不需要人工重力的少数几人之一。上图为他构想的建设中的圆柱式空间站。

太空生活计划

1945 年，《生活》杂志披露了"一个令人震惊的事实"，即德国科学家曾认真计划过打造一把太阳枪，他们打算用这把枪焚毁地球上的大片土地。这项计划将通过一面巨大的轨道镜来实现，借助镜面"把太阳光聚焦于地球表面一个点上……烧毁一座敌国城市，或煮沸一部分海水"。

具有开创性的火箭科学家赫尔曼·奥伯特在《飞向星际空间的火箭》一书中最早提出了"太空镜"这个想法。正如我们所知，直到 1957 年，他仍然相信他的太空镜会成为现实。"我的太空镜就像学童们拿在手里的镜子，将阳光反射到教室的天花板上。老师脸上突然闪过一道光，或许会令他们感到不快……我当老师当得够久了，"他自嘲道，"足够我收集到有关这门学科的某些数据。"值得肯定的是，奥伯特显然从未建议过把太空镜用作武器（他当然了解其具备这种潜力），那是纳粹在狂热冲动下做出的行为。奥伯特仅仅希望用他的太空镜来控制天气。

太空镜

奥伯特的这面巨镜将由工程师们用预制部件组装而成。完成之后，一面直径约为 1.6 千米的圆盘诞生了，镜面为凹面，呈剃须镜或化妆镜般的抛物线曲线。空间站将位于极地轨道上，距地面 8207 千米。《生活》杂志设想，这面镜子也将是一座载人空间站，配备直径 9 米的对接口，用于对接补给火箭，内部还设有水培花园，为宇航员提供氧气和食物，并配有太阳能发电机以提供电力。

太空镜的建造将从发射单枚无人火箭开始。一旦进入轨道，火箭就会伸出 6 根长长的电缆，每根有 12.7~38 毫米粗。然后，火箭将围绕自身中轴

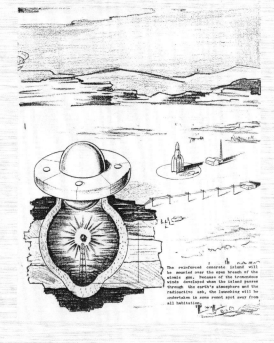

⬥ 20 世纪 50 年代末，工程师康斯坦丁·伦特（Constantin Lent）提出了通过核爆炸将空间站整个送入轨道的想法。

旋转，这会导致电缆呈放射状伸展，就像快速旋转的溜冰者伸出的手臂。

这些电缆将长达 145 千米。宇航员就像蜘蛛那样织网，并用织成的网络作为基础，在上面安装一系列六角形单元，每个单元都有几千米宽，各自包含一块由薄薄的钠金属箔制成的可移动圆形镜面。整个结构的旋转会使其保持紧绷。组装完成之后，这面太空镜的面积将会相当庞大，达 7 万平方千米。通过调整各单元镜面的角度，在轨道上可以利用这面巨镜上的太阳光压来操纵飞行器。

奥伯特认为，组装一面完整的太空镜可能需要 10~15 年的时间，花费约 30 亿美元。《生活》杂志的专家认为，该计划存在一个根本缺陷，即太阳的镜像无法投射于一点。他们评论道，由于太阳是以圆盘形出现在天空中，而非点状，所以无论用哪一种反射镜或透镜系统，所能形成的最佳镜像也不过是那个圆盘的镜像而已。你只需要一面普通的放大镜，挑一个阳光明媚的日子，用自己的肉眼就能看到这一切。如果你手拿放大镜，把阳光聚焦在一张纸上，就能得到一个极其明亮的光点，这其实就是太阳投射到纸上的镜像。如果你稳稳地举着放大镜，保持足够长的时间，甚至有可能把纸点着。这种说法似乎对奥伯特的提议有利。

然而，问题在于这面镜子离地球表面有多远。镜子（或透镜）距地球越远，投射出的太阳镜像也就越大。如果这面镜子位于数千千米外，那么太阳的镜像就会相当大，以至于不可能造成任何破坏。

奥伯特不同意上述观点。他说，太空镜无须把阳光聚焦到某一点上，就能造成巨大的破坏。事实上，地球表面形成的所谓聚焦"点"面积将达到约 5180 平方千米。在《太空人》（Man in Space，1957 年）一书中，他说，这一地区产生的光和热"不会超过赤道上的正常范围"，但他接着又说，如果"太空镜尺寸为上述的两倍……辐射强度就将四倍于此……（而）地球表面的温度……将达到 200 摄氏度"。这或许还不足以烧毁城市、熔化战舰，但要让一个地区变成不毛之地已经绰绰有余了。在《人

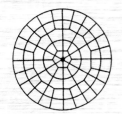

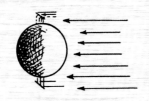

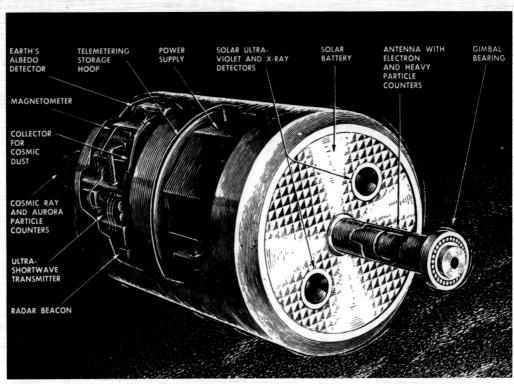

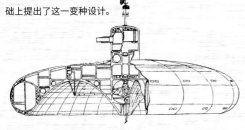

○ 奥伯特画的这些图展示了他的太空巨镜外观，以及如何用它把太阳的光和热反射到地球上寒冷的北极地区。

◐ 20 世纪 50 年代，英国星际协会联合创始人埃里克·伯吉斯（Eric Burgess）在史密斯－罗斯空间站的基础上提出了这一变种设计。

◑ 1951 年，生于奥地利的美国物理学家弗雷德·辛格（Fred Singer）提出了最小轨道无人地球卫星（简称"MOUSE"，意为老鼠）的构想，这颗卫星将搭载用于测量宇宙射线的盖革计数器和其他测量太空环境状况的仪器。

类进入太空》（Man Into Space）一书中，奥伯特又重温了他的太空镜概念。"我确信，"他写道，"我的太空镜总有一天会变成现实。"

标志性象征

1952 年，有一项空间站设计被公之于众，在超过整整一代人的时间里，这项设计主导甚至定义了载人轨道地球卫星这一概念。

《科利尔》（Collier's）杂志是 20 世纪四五十年代最畅销的综合性杂志之一，只有《生活》《展望》和《星期六晚邮报》能与之匹敌。第二次世界大战后，公众对航天技术潜在的军事用途颇为关注，这促使该杂志的编辑开始探究太空旅行在不久的将来是否可行。为此，该杂志赞助了一场由世界顶尖航天专家参加的会议，各位专家于 1952 年 3 月 22 日至 1954 年 4 月 30 日期间发表了一系列图文并茂的文章，首次对太空探索的相关构想进行了全面、综合的概述。

研讨会由德国前弹道导弹设计师沃纳·冯·布劳恩主持，他当时是美国陆军军械部制导导弹开发组的技术指导。与会的还有哈佛大学天文学主席弗莱德·惠普尔（Fred L. Whipple）、加州大学洛杉矶分校物理学教授约瑟夫·卡普兰（Joseph Kaplan）、美国空军太空医学部的海因茨·哈伯（Heinz Haber），以及太空旅行和火箭学方面的权威专家威利·雷（Willy Ley）。雷曾经参与过德国

最早的火箭实验，在纳粹掌权时逃离了德国。

研讨会发布了一条消息，令《科利尔》杂志的读者震惊：在 1964 年之前，美国将有能力派遣一支 50 人的探月队前往月球，并在不久之后进行一次有人类参与的火星探索任务。然而，这两件事均须以建成一座巨大的轨道空间站为前提。

《科利尔》杂志的这支团队完全秉承着严肃认真的态度。要实现他们的计划并不存在现实障碍，所需的技术均已问世。"我们谨慎地没有做出关于未来技术发展……的推测。"冯·布劳恩解释道，"唯有坚守完全基于现有科学知识的工程解决方案、严格避免关于未来发现的任何推测，我们才能证明这一惊人的冒险从根本上是切实可行的。"冯·布劳恩企图证明，太空旅行面临的与其说是物质问题，

> 太空中的一切都遵循着物理学定律。如果你了解并遵守这些定律，太空就将善待你……你想去往何方，便属于何方。
>
> ——沃纳·冯·布劳恩

倒不如说是意愿问题。他要证明的不是太空旅行在遥远的将来有可能实现，而是在 1952 年就有可能实现。第一步是发射一颗"小卫星"，这是大型火箭上的一枚 3 米高的鼻锥，将携带 3 只"倒霉"的恒河猴进入太空。"小卫星"会在海拔 322 千米的高空绕地球飞行 60 天，之后再次进入大气层并焚毁（事先会让猴子吸入致命毒气）。

实验成功以后，载人航天计划开始实施。在这项计划中担任主力的将是一个庞然大物——高 80 米、重 6350 吨的三级火箭，而执行阿波罗计划的"土星 5 号"高 110 米、重约 3000 吨。第三步的载人阶段，实际上是采用一架带翼航天飞机，机上搭载 10 名宇航员（其中部分为女性）。这架航天飞机要把搭建直径 76 米的空间站所需的材料送入轨道，在冯·布劳恩的设想中，这是必不可少的一部分。按照他的计划，在空间站建设期间，有 10~12 架这样的飞机投入使用，在高峰期，甚至每 4 个小时就会有一次发射。一旦空间站建成并投入使用，每 3 天进行一次补给或人员发射即可。

以往关于空间站的提案都与英国星际协会提出的一样，在很大程度上是把这个项目视为孤立问题来处理的。然而，冯·布劳恩的设想首次将轨道空间站视为完整的太空计划当中不可或缺的组成部分，这个计划一步一步从地球卫星发展到载人空间站，再到飞往月球和火星。

冯·布劳恩的太空之轮

沃纳·冯·布劳恩构想的轮式空间站在建成后可容纳数百名宇航员，计划于 1963 年完工（杂志上文章后来以书籍形式出版时，又修订为 1967 年）。空间站的边缘形如轮胎，直径为 10 米，共有三层。空间站旋转时产生的离心力会形成一种人工重力，这样一来，朝向中心的一边即为"上"，远离中心的一边即为"下"。冯·布劳恩把空间站的内部划分成很多区域，其中包括一个通信中心和一个气象观测台，会定期向地球发回天气报告。一台电子计算机将占据上层甲板的一大部分空间（《科利尔》杂志的专家们写到电子计算机的时候，晶体管和固态电子技术尚未出现，要再过很久才会问世）。另外两层甲板将专门用于天文观测及研究。空间站外部覆盖的薄薄一层金属将充当"流星缓冲器"，保护空间站内的居民免遭微小陨石的伤害。通过操纵外层边缘上类似于百叶窗的面板，宇航员可以调节内部温度。这些面板可以在黑白两色之间切换，具体颜色取决于需要辐射热量还是吸

△ 沃纳·冯·布劳恩（左）向《科利尔》杂志的编辑科尼利厄斯·瑞恩分享他的空间站和运载火箭模型。正是瑞恩推广了冯·布劳恩的思想，并将其从科学界带到公众的视野中。

◇ 这幅由切斯利·博内斯特尔创作的标志性画作包含了冯·布劳恩空间站模型的所有基本元素：空间站本身、运送物资和人员的补给火箭、"太空出租车"和轨道太空望远镜。

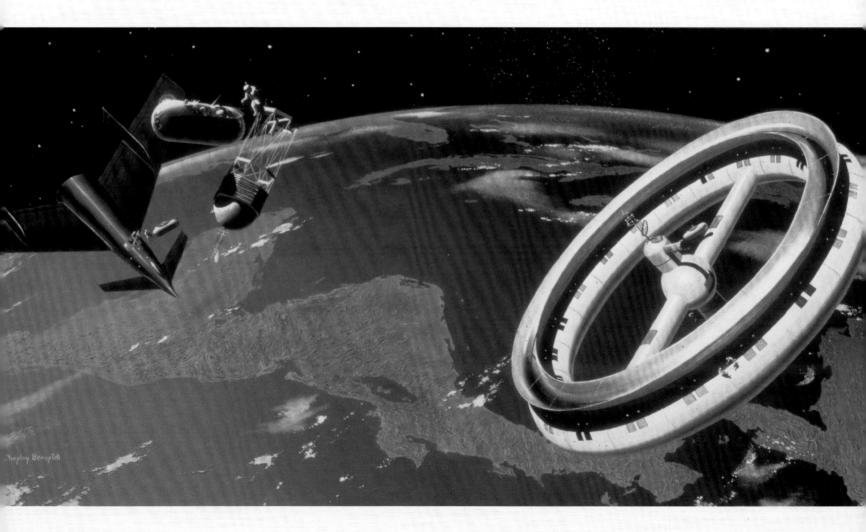

◐ 沃纳·冯·布劳恩的设计很快就被公认为空间站设计的楷模，直到 21 世纪仍在影响着世界各地的艺术家。图为插图画家弗雷德·沃尔夫在 1954 年对轮形空间站的诠释。

◑ 这张冯·布劳恩空间站的部分细节剖面图展示了空间站的诸多操作部件及其功能，包括用于发电的镜子（36）、空调（29）、实验室（31）和通往中央枢纽的电梯（17）。

收热量。空间站的电力供应则来自太阳能。

　　世界各地的出版公司以书籍和杂志的形式刊载了沃纳·冯·布劳恩这些鼓舞人心的航天畅想，加上令人诧异的插图，成功吸引了公众的眼球。他与切斯利·博内斯特尔（Chesley Bonestell）联合设计的宇宙飞船在随后的数十年间被奉为圭臬，从电影到电视（最早出现的是迪士尼的"太空人"系列剧集），从低俗杂志到玩具，他们产生的影响无处不在。这座形如车轮的空间站如同土星光环一般简单、优雅，在公众的印象中根深蒂固，让大家认为空间站"就该如此"。

太空城

正当沃纳·冯·布劳恩和他广受欢迎的《科利尔》杂志系列文章及其衍生书籍频频登上头版头条时，一位名叫达雷尔·罗米克的固特异飞机工程师发表了一些富有远见的论文，概述了未来世界的种种图景，其中包括离子推进技术、可回收运载火箭、载人登月任务以及永久性载人轨道聚居地。

① 罗米克提出了一套探索太空的渐进式方案，该方案从无人卫星开始，最终发展为人口稠密的太空聚居地。
② 罗米克的空间站计划居住 2 万人，他们生活在空间站一端的旋转结构中。
③ 栖息地的横截面图，展示了如何将其根据不同功能划分成不同的区域。
④ 罗米克的太空栖息地建成后的模拟效果图。

在某些方面，罗米克的设想与冯·布劳恩有相似之处，尤其是这二人都想出了在根本上有所发展的太空探索方法。和冯·布劳恩一样，罗米克的计划也需要依靠一架三级航天飞机来实现。然而，与冯·布劳恩不同的是，罗米克的载人轨道飞行器并不仅仅是运送人员和物资的工具，更是他计划中的重中之重。

人造卫星

首先，一系列人造卫星将被送入轨道。当每艘宇宙飞船陆续到达时，等待着的宇航员会将这些飞船交替地以首尾相接的方式连到一起，最终借助其机身形成一条长长的圆柱体，并以此为核心建成一座巨型空间站，这下，就连冯·布劳恩想要建造的 76 米高的轮形空间站都显得相形见绌。在罗米克的计划中，还有一个无重力的巨型圆柱体"干船坞"，其长度超过 457 米，直径为 305 米。"干船坞"的一端是个直径 457 米的旋转圆盘，将有 2 万人居住其中，每分钟转 2 圈的速度可提供 1G 的人工重力。"这种速度会使这个大轮子以某种宏伟的方式运动。"罗米克轻描淡写道。

> 起初是太空领航员，然后是在地球之外能够进行最佳观测的科学家，最后是那些出于各种原因对地球的生活环境不满的人，他们会到这些基地上居住，并在那里建立起永久性的太空聚居地。
>
> ——贝尔纳（J. D. Bernal）

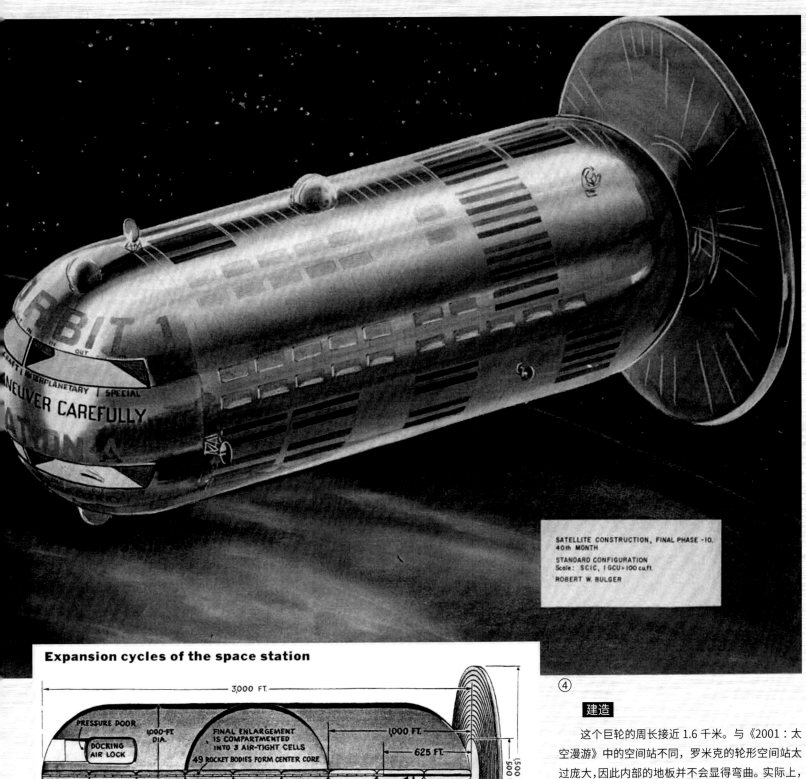

SATELLITE CONSTRUCTION, FINAL PHASE -10.
40th MONTH
STANDARD CONFIGURATION
Scale: SCIC, I GCU = 100 cu.ft.
ROBERT W. BULGER

④

Expansion cycles of the space station

3,000 FT.

PRESSURE DOOR

DOCKING AIR LOCK

1,000-FT DIA.

FINAL ENLARGEMENT
IS COMPARTMENTED
INTO 3 AIR-TIGHT CELLS
49 ROCKET BODIES FORM CENTER CORE

1,000 FT.

625 FT.

1,500 FT
500 FT

DOCKING AIR LOCK

METEOR BUMPER—ADDITIONAL
SKIN, WITH SPACE BETWEEN IT AND
AIR-TIGHT COVERING, SUR-
ROUNDS THE ENTIRE UNIT

75-FT. DIA.

9-FT. DIA.

DOCKING PLATFORM

FINAL ENLARGEMENT　　FIRST EXPANSION　　INITIAL UNIT

③

建造

这个巨轮的周长接近 1.6 千米。与《2001：太空漫游》中的空间站不同，罗米克的轮形空间站太过庞大，因此内部的地板并不会显得弯曲。实际上，正如罗米克所说，"房间的长度必须达到 4 米，才能使地板的弧度变化 1 度"。在轮形空间站中，可居住的总体积达到了 400 万立方米，相比之下，在冯·布劳恩的环形体内，这一体积仅为 6.3 万立方米。

在中央枢纽和外缘之间共有 82 层，其中包括公寓、商店、教堂、学校、体育馆、剧院以及电

33

① 图中，庞大的空间站栖息地已接近完工，正在安装一些剩余面板。如图左上角，一队补给火箭在附近待命。

② 为了完成空间站的建设工作，罗米克设计了一架多级运载火箭，每一子级各有驾驶员操控，可以返回地球进行重复使用。

③ 空间站的核心由一系列相连的火箭机身组成，它们首尾相接，形成了空间站的核心部分。

④ 一旦核心部分完工，空间站就会以多层同心圆的形式组合而成，并在其一端附着一个轮形栖息区。

⑤ 空间站的核心部分正处于最后的建设阶段，宇航员在进行太空行走。他们为连接到一起的火箭套上护罩，使其形成圆柱形密封"干船坞"的主脊。

视台和报社。罗米克指出，他的设计提供了四分之一重力和零重力的体育馆，"这样会相当有趣和刺激"。总面积达 5 公顷的太阳能电池板将为空间站提供电力，这些太阳能板会覆盖主圆柱体，将阳光转化为电能，在大气稀薄的空间中转化效率极高。

完成速度

按照每两天发射一架航天飞机的速度——这样的日程安排颇有雄心——罗米克估计，大约需要 3 年时间才能最终完成轮形空间站的建设。尽管如此，在整个建造过程中，空间站始终处于可以使用的状态。罗米克还比冯·布劳恩更富远见，他认为，进入太空的人类并不仅有科学家或工程师，还有太空移民。罗米克声称："空间站将能为成千上万的居民提供与地球相似的安全、舒适的居住条件，还可以为他们带来地球上没有的娱乐设施和文化体验。客厅窗外的景色会相当壮观……"

"大型载人卫星终端当然可以建成，"罗米克总结道，这话听起来很像是一名未来主义的房地产经纪人在拼命推销，"这是一座闪闪发光的'空中之城'……可以成为一个可见的象征，孕育着为全人类带来新服务、新知识、新灵感和新成就的伟大希望。它的潜力似乎是无限的，它还可以充当通往月球、其他行星和深空的垫脚石。"

直到近 20 年后，幻想家才构建出这样宏大的想象，杰拉德·奥尼尔（Gerard O'Neill）出版了《高高在上的边疆：太空中的人类聚居地》（*The High Frontier: Human Colonies in Space*，1976 年）一书，向心醉神迷的公众介绍了这个重要的理念：一个绕轨道运行、自给自足的人造栖息地，将成为广袤的太空中数万甚至数十万人的永恒家园。

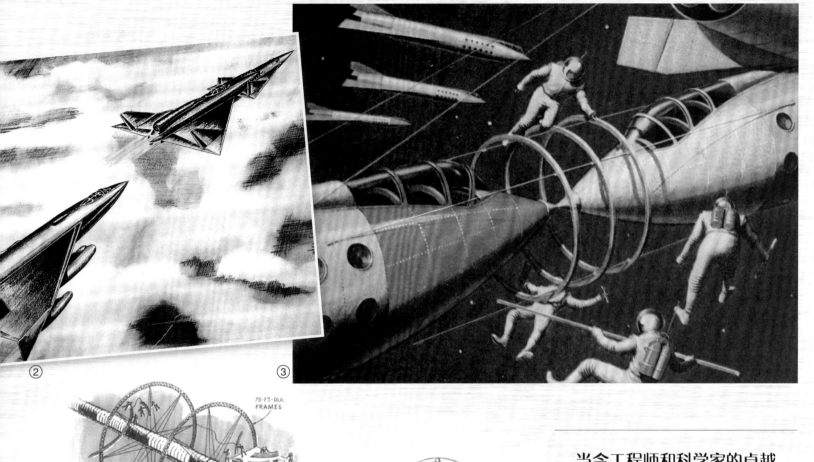

② ③

④

当今工程师和科学家的卓越
目标之一……是建立一个
永久性的载人地球
卫星终端。

——达雷尔·罗米克

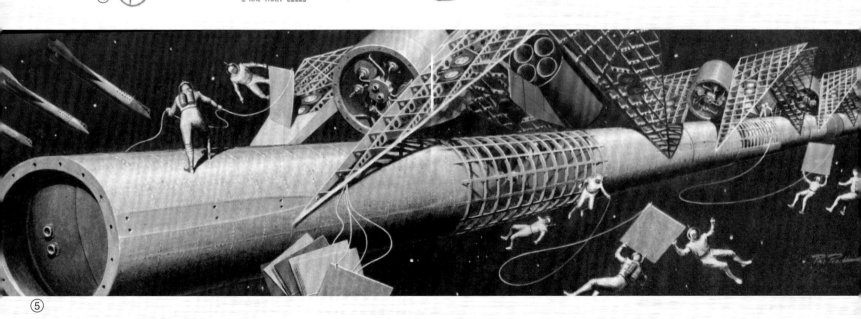

⑤

其他太空轮

诺丁构想出了旋转环形空间站这一概念，史密斯和罗斯又对其进行了改进，但环形空间站是在沃纳·冯·布劳恩的优雅设计及切斯利·博内斯特尔为其配上的插图中成为标志形象的。1952年，这一设计首次发表在当时最受欢迎的美国杂志之一《科利尔》上，后来又开始以各种合法或不合法的形式遍地开花，从科幻杂志、漫画书的封面到电影和玩具，随处可见。

①

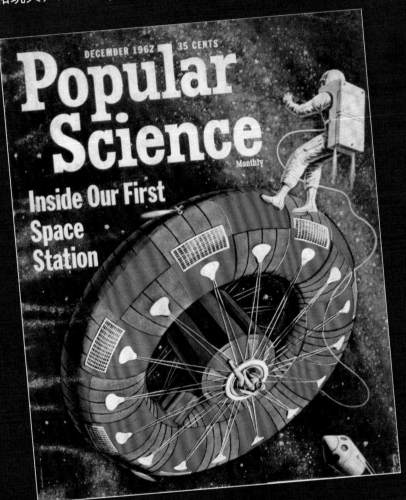

②

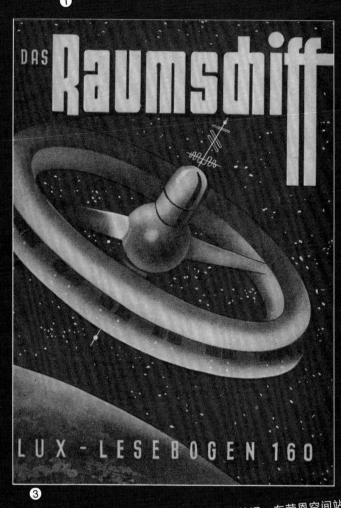

③

在1955年的彩色电视系列作品《迪士尼乐园》里的《太空人》剧集中，冯·布劳恩亲自设计了经典太空轮的一款变体。即便是在工程师和科学家对未来空间站所做的严肃推想中，通常也会假设它们是某种旋转的环形结构，这主要是由于这一假定所致：居住在空间站上的人需要人工重力，而旋转产生的力正是提供这种重力的方法。

专门研究技术课题的艺术家将创作和发表未来宇宙飞船的创意变成了一种职业。多产的弗兰克·廷斯利便是其中之一，他的作品经常刊登在《机械画报》这样的流行杂志上。这些艺术家迎合了公众对太空旅行与日俱增的兴趣，这种兴趣几乎是由冯·布劳恩和他的《科利尔》团队一手掀起的，并在20世纪50年代狂热地蔓延开来。无须多言，在廷斯利最初的空间站创意中有两项设计

的灵感都源于无处不在的冯·布劳恩空间站。到20世纪50年代末和60年代初，工程师和航空航天企业开始认真考虑这个旋转轮形空间站的概念，并着手开发自己的设计，其中最与众不同的或许是固特异轮胎橡胶公司推出的一个充气空间站，他们甚至还在地球上进行了测试。这个空间站看起来完全就像一个巨大的内胎，这可能不是个巧合。

① 由艺术家弗兰克·廷斯利提出的构想原本是一座绕地球飞行的农场，在一排排温室下种植着藻类。

② 1962 年，固特异橡胶公司提出了充气式空间站的构想。这个空间站在发射时处于未充气状态，一旦进入轨道，就可以充气膨胀到最大尺寸。

③《宇宙飞船》（原书名为 *Das Raumschiff*，英译名为 *The Spaceship*）的封面展示了经典的轮形宇宙飞船模型。

④ 20 世纪 70 年代，足以容纳数万居民的大型太空聚居地这一想法开始流行。这幅由大卫·哈代（David A. Hardy）绘制的插图描绘了其中一种，建造材料主要取自小行星或月球。

⑤ 许多艺术家都从冯·布劳恩的设计当中汲取了灵感，图为这种知名空间站的一幅剖面图。

⑥ 艺术家弗雷德·沃尔夫描绘的是 1954 年正处于建设中的冯·布劳恩空间站，补给飞船的灵感来自英国星际协会的设计。

⑦ 弗兰克·廷斯利于 1957 年设计的旋转"太空实验室"，其中的太阳能电池板与今天国际空间站上的太阳能板很相似。

④

⑤

⑥

⑦

多种理念

尽管沃纳·冯·布劳恩的太空轮已经成为空间站的理想模型——无论如何，至少在公众心目中和流行文化中是这样——但科学家、工程师，甚至连科幻作家和插图画家都在考虑其他设计方案。这一现象背后的驱动力其实正是对这一问题的思考：提供人工重力真的有必要吗？

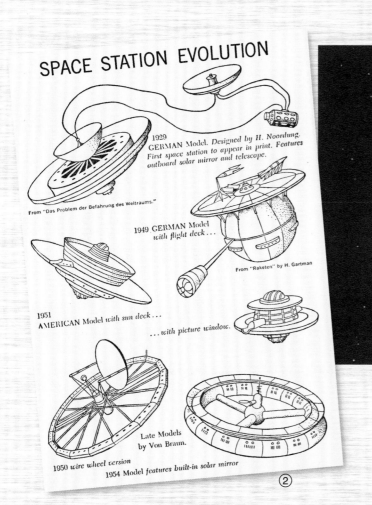

① 这是创造力出众的工程师康斯坦丁·伦特提出的众多独特概念之一，这项设计诞生于1959年，拟由巨大的陀螺仪来维持其稳定。

② 这张精细的插图出自帕特里克·摩尔（Patrick Moore）的《地球卫星》（Earth Satellites，1956年），描绘了空间站概念的6个发展阶段，从1929年直至冯·布劳恩的"晚期模型"。

③ 图为意大利人在1955年设计的空间站，它借助太阳能发电机组来获得电力，发电机组通过电缆与空间站相连。

旋转空间站的基本原理完全来自下列假设：一旦宇航员在失重环境中逗留较长时间，他们的身体健康就会受到影响。但一些人开始对这一基本假设提出质疑，尤其是因为当时几乎没有实验数据证实长期失重对人体造成的影响。

旋转太空船

如果能证明提供重力这个问题根本就不是个问题呢？非旋转空间站可以免去建造过程中的众多难题。例如，如何将航天器与旋转空间站进行对接？非旋转空间站还可以建成任何一种想要的形状，这样一来，对空间的利用效率便可大大提高。被提及次数最多的一种形状是球体，这种形状的表面积最小，内部体积却最大，但其他形状也不是完全没有可能。1952年，康斯坦丁·保罗·伦特——一名熟练的绘图员，也是美国火箭协会的前任副主席——设想了一种空间站，它由一排经过改装的火箭机身并列而成，就像用原木绑成的筏子。同年，艺术家杰克·考金斯和作家弗莱彻·普拉特（Fletcher Pratt）构思出了一种六角棱柱形的空间站，有点儿像后来的天空实验室空间站的放大版。这个空间站的工作人员会在完全失重的环境中工作，各种设备和仪器都将安装在最方便的位置。"在内部，"普拉特写道，"这个房间的外观与地球上的任何一种建筑都不会有半点儿相似之处，因为每一面墙壁都会被利用。"而在空间站外侧，瞭望台、太空船坞、太阳能收集器和其他设备则会唾手可得。考金斯-普拉特空间站"外观古怪而粗笨"，与冯·布劳恩的优雅理念截然不同。

无重力生活

这些设计在当时看来似乎并不雅观、耐用，甚

地球太小，也太脆弱，
人类不能把所有鸡蛋都放在这一个篮子里。

——罗伯特·海因莱因（Robert Heinlein）

④

⑤

④⑤ 艺术家杰克·考金斯和作家弗莱彻·普拉特是最早提出失重状态对空间站的宇航员来说可能不是问题的人。1952 年，他们设计了一个圆柱形的非旋转式空间站，比太空实验室空间站提前了整整 20 年。
⑥ 1952 年，科技插画家弗兰克·廷斯利提出，将图中这个球形空间站作为军事行动基地。

⑥

至有些笨拙，不过这样的创意实际上很有先见之明。事实证明，提供人工重力并不必要，至少在宇航员在空间站停留的时间相对较短的情况下。在空间站逗留数月甚至一年的宇航员确实不得不与许多健康问题作斗争，其中有些问题还很严重，亟须解决。但这么一来，空间站的设计者们发现，自己就此摆脱了旋转式航天器带来的难题和限制，完全可以在任何需要的地方添加模块和设备，脆弱的太阳能板也可以根据需要任意扩展（甚至可以扩展至 4000 平方米以上——国际空间站上的太阳能阵列面积就达到了 2500 平方米）。

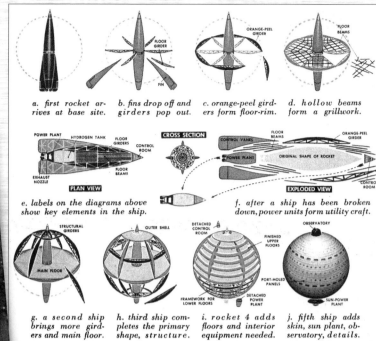

a. first rocket arrives at base site.
b. fins drop off and girders pop out.
c. orange-peel girders form floor-rim.
d. hollow beams form a grillwork.

POWER PLANT | HYDROGEN TANK | FLOOR GIRDERS | CONTROL ROOM
CROSS SECTION
CONTROL VANES | FLOOR BEAMS | ORANGE-PEEL GIRDER
EXHAUST NOZZLE | FLOOR BEAMS
PLAN VIEW
POWER PLANT | ORIGINAL SHAPE OF ROCKET | CONTROL ROOM
EXPLODED VIEW

e. labels on the diagrams above show key elements in the ship.
f. after a ship has been broken down, power units form utility craft.

STRUCTURAL GIRDERS | OUTER SHELL | DETACHED CONTROL ROOM | OBSERVATORY
MAIN FLOOR | FINISHED UPPER FLOORS | PORT-HOLED PANELS | SUN-POWER PLANT
FRAMEWORK FOR LOWER FLOORS | DETACHED POWER PLANT

g. a second ship brings more girders and main floor.
h. third ship completes the primary shape, structure.
i. rocket 4 adds floors and interior equipment needed.
j. fifth ship adds skin, sun plant, observatory, details.

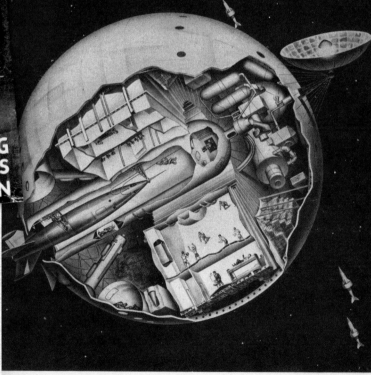

Drawings by JAMES CUTTER

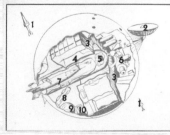

PLAN OF SATELLITE

1. "Wolf pack" of rockets.
2. Parabolic sun mirror to receive radiant energy.
3. Rotating "living zone."
4. Hydroponic gardens (inner stratum of "living zone").
5. Engineers' control room.
6. Engine to convert solar energy to electricity.
7. Supply rocket in hangar.
8. Missile launcher.
9. Observation and firing-control station.
10. Warhead storage.

① 这本 1952 年出版的德国书配有许多生动的插图，封面特写是两艘典型的 20 世纪 50 年代的宇宙飞船，其中包括一座空间站。标题意为"火箭飞向太空：人类征服宇宙"。

② 1952 年，艺术家弗兰克·廷斯利发表了这张图，说明了建造他的球形空间站所需的渐进步骤，第一步是从位于空间站核心位置的货运火箭主体开始。

③ 这幅想象中的球形空间站图发表于 1950 年，旨在通过旋转来提供人工重力。与廷斯利的设计类似，这座空间站原本是作为配备有核弹头的军事基地来运作的。

④ 1954 年，小弗兰克·罗斯（Frank Ross Jr.）出版了一本关于太空旅行的畅销书，该书的封面特写便是这一充满想象力的空间站设计（尽管实现的可能性不大）。

⑤ 1951 年，艺术家杰克·考金斯创作了这幅引人遐想的画作，描绘了一座处于建设中的空间站。为安全起见，宇航员们都小心翼翼地用绳子把自己拴在空间站的主体结构上。

⑥ 1952 年，康斯坦丁·伦特提出用从地球上发射的航天器外壳来建造太阳能空间站的设计方案。

⑦ 图中这一引人注目的构想发表于 1960 年。与其说它合乎实际，倒不如说是富于想象力。图中的空间站乃是作为"美国太空部队"的一部分，这正是"冷战"时期众多设计的典型来源。

奥伯特博士回归

就在首颗地球卫星发射之前，赫尔曼·奥伯特也加入了这场关于空间站问题的大论辩。"无论何时开始空间站的筹建工作，"他遗憾地写道，"无疑都是出于军事方面的原因。"他不相信有任何一个空间站能同时实现所有需要的功能。若要作为地球与其他行星之间的中转站，空间站就必须在相对较低的高度绕地球轨道运行，这样从地球向空间站运送补给的难度较低，花费也较少。它还需要在赤道轨道上从西向东运动。但如果满足了这些条件，空间站就不适合用于地球观测。若要进行地球观测，更理想的方式是采用地球同步卫星，因为它们始终固定在地球上空的同一点。使用 3 颗地球同步卫星，每颗相距 120 度运行，就可以将整个地球尽收眼底。奥伯特设想的空间站与冯·布劳恩简单的轮形空间站几乎完全不同。如果要打比方的话，奥伯特的空间站很像是挂在圣诞树上的装饰物，外观精巧，近乎球形结构。他在《太空人》一书中写道："我并不提倡紧凑的设计，那会给人以坚实的

● 赫尔曼·奥伯特早年便对太空着迷，后来成了现代火箭学和航空学的奠基人之一。

● 图为奥伯特的"跳板空间站"，包括一对用万向架固定的巨型望远镜，它将成为前往月球和其他行星的宇宙飞船中转站。

● 赫尔曼·奥伯特的"轨道太空镜"建成效果图。按照最初的设想，太空镜可为地球上的任何一处提供直接的阳光照射。

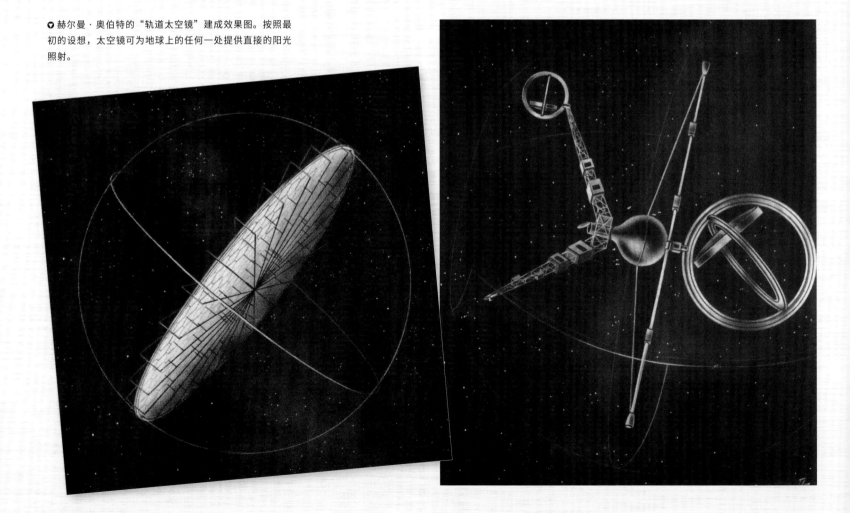

○ 这张照片摄于 1956 年，前排为赫尔曼·奥伯特，与他合影的是当时一些太空先驱。从左至右依次为：恩斯特·斯图布林格博士（就座者）、托福托伊少将、沃纳·冯·布劳恩及埃伯哈德·里德博士。

○ 图为工程学示意图，奥伯特提出，他的太空镜应该通过由支撑环和张力钢丝组成的系统来保持其刚性。

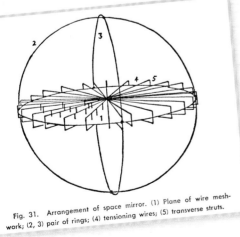

Fig. 31. Arrangement of space mirror. (1) Plane of wire mesh-work; (2, 3) pair of rings; (4) tensioning wires; (5) transverse struts.

印象，令人联想起沉重的地球建筑。在太空中有其他法则，没有理由继续照搬旧有的建筑规则。"

奥伯特最终的空间站设计乏善可陈，仅是规模宏大而已。每一个居住舱直径均在 12~20 米之间，位于一条 4 千米长的旋臂两端。太空望远镜的镜臂长达 16 千米。一个由金属丝组成的球形笼子将整座空间站罩在其中，笼上连接了"看门狗"炸弹，为了保护空间站免遭任何袭击。

第 3 章

冲向空间站：
人造卫星和太空人

天上有什么？有史以来，人类一直在思考这个问题。我们对于宇宙的理解是经过数千年才建立起来的。牛顿曾经这样写道："如果说我比别人看得更远，那是因为我站在巨人的肩膀上。"

◐◐

（左图）1961 年 4 月 12 日，史上首位太空人尤里·加加林乘坐一架名为"东方 1 号"的球形航天器绕地球一周。返回地球大气层后，他从飞船内弹射而出，借助降落伞成功降落在斯梅诺夫卡村附近。

（上图）从 20 世纪 20 年代开始，一些国家开发了火箭飞机，并在第二次世界大战中用于拦截。图中所示的贝尔 X-1 在 1947 年 10 月 14 日进行了首次超声速飞行，由查克·耶格尔操控。

冲向空间站

古希腊人认为，宇宙是一个多层水晶球，地球位于水晶球的中央。月球、金星、水星、太阳等系内天体在水晶球的内层，并围绕地球旋转，其他星星则在水晶球的外层围绕地球旋转。随着时间的推移，科学的宇宙模型将会打破这个宇宙观框架。

这场革命始于观测和逻辑推演，以及一项关键的认知：地球是圆的，而不是平的。早在公元前 585 年，米利都的泰勒斯（Thales of Miletus）就认为，日食是由太阳、月亮和地球的运动引起的。来自邻近的另一个希腊岛屿萨摩斯的毕达哥拉斯后来也笃信，球体是完美的形态，圆周运动是完美的运动，所以地球一定是个球体。

几何学宇宙观

对于雅典学院的创始人柏拉图来说，地球是平的。柏拉图毕生都生活在雅典，尽管周游过邻近地区，但他见到的平坦地平线让他无法把地球视为一个球体。柏拉图的学生亚里士多德却有不同的看法。柏拉图研究抽象概念，亚里士多德则相信自己所能目睹和测量的现实。亚里士多德提出，既然北极星停留在天空的同一点，但它的高度会随着他向北或向南移动而发生改变，这就意味着他一定是在球体的表面上移动。公元前 340 年，亚里士多德写道：地球投射在月球上的圆形阴影也说明地球必定是圆的。

埃拉托色尼（Eratosthenes）发现，在夏至这一天的正午，太阳位于埃及的赛伊尼正上方的天顶，阳光可以直射进一口深井的井底。但在同一时刻的亚历山大里亚，太阳偏离了垂直方向 7.2°，他进而证明，这两座城市之间的距离即为地球周长的 1/50。这一结论的准确率高达 99%。

前进的步伐逐渐加快。在公元前 3 世纪，阿里斯塔克斯（Aristarchus）精确地估算出了月球的大小，以及月球与太阳的相对距离。最后一位古希

⬤ 首枚实际用于作战的大型火箭是德国的 V–2 弹道导弹。该导弹 20 世纪 30 年代末开始研发，于 1942 年首次发射成功，从 1944 年开始在战争中应用。

太空旅行时代自今日始。

——1942 年 10 月 3 日，沃特·多恩伯格（Walter Dornberger）少将在 V–2 首次成功发射后所言

腊天文学家托勒密提出了以地球为中心的轨道运动几何模型。他的模型实际上是错误的，却仍然对行星运动做出了预测。托勒密还计算出，以地球为中心，宇宙的直径为 2.5 亿千米，在这一点上他也算错了——宇宙比他想象的要大千百万倍——不过这已经是有史以来人类曾想象过的最为宏大的尺度了，宇宙之大确实超乎认知。托勒密曾经描写过从宇宙边缘回望地球的情形。他的宇宙观在科学上是完全错误的，但在后来的一千多年里一直被世人沿用。

挑战地心宇宙观

在 1500 年到 1700 年间，发生了一场科学革命。伴随着世人的争议，哥白尼、第谷、伽利略、开普勒和牛顿逐渐将地球推下了宇宙中心的位置，证明了所谓的水晶球并不存在，行星的运动轨迹也不是正圆形，而是像鸡蛋一样的椭圆。他们还发现，行星运动的速度随其与太阳之间的距离而变化，行星离太阳越近，速度就越快。他们证明了引力是推动行星运动的力量。

天文学家和科学家使用望远镜，对太阳、月球、行星和恒星进行了系统的观测，发现了新的恒星及围绕行星运行的新卫星，确定了金星有相位、月球上有海洋和山脉。过分简单化的宇宙认知也随之被尘封进历史。1630 年，开普勒在《梦》（原书名为 Somnium，英译名为 The Dream）一书中写道，"地球不过是一颗在群星间运行的渺小星球"，而且"总有一天，会造出能在群星间航行的太空飞船，一旦建成，就会有人自告奋勇地驾着它们遨游太空"。上述这些人与未来空间站之间的联系在于，他们稳步揭示出了未来将人类和机器送入太空的物理定律。

太空中的卫星

正如前文所述，在 50 多年间，火箭和宇宙飞船的操作和使用一直是这 4 个人的研究领域：康斯坦丁·齐奥尔科夫斯基（始于 19 世纪 80 年代）、罗伯特·戈达德（Robert Goddard）、赫尔曼·奥伯特、20 世纪 20 年代的赫尔曼·波托尼克（诺丁）。

▷ 红石火箭家族，从左至右分别为：(1) 红石弹道导弹（IRBM）；(2) 木星–C 探空火箭，使用的是更高效的燃料，运载了美国第一颗人造卫星；(3) 水星–红石运载火箭，发射了最早进入太空的两名美国宇航员。

▷▷ 红石是一种基于德国 V–2 导弹开发而成的近程导弹。冯·布劳恩在亚拉巴马州的红石兵工厂为美国陆军研制了红石导弹，并于 1953 年首次发射成功。

◉ 1957 年 11 月 3 日，斯普特尼克 2 号首次将生物送入地球轨道——莫斯科街头一只不幸的流浪狗莱卡。运送这只狗的是一个圆柱形的加压舱。

◉◉ 爱德华·怀特二世（Edward H. White II），双子星座–大力神 4 号（GT–4，Gemini-Titan 4）宇航员。1965 年 6 月 3 日，GT–4 航天器运行到第 3 周时，他在太空中失重飘浮，一面镀金遮阳板为他的脸挡住了太阳光。

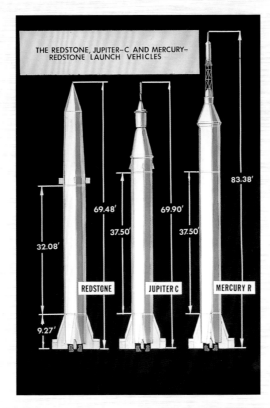

THE REDSTONE, JUPITER-C AND MERCURY-REDSTONE LAUNCH VEHICLES

REDSTONE JUPITER C MERCURY R

83.38'
69.48' 69.90'
37.50' 37.50'
32.08'
9.27'

他们所做的研究启发了一位年轻的德国工程师——第二次世界大战期间的纳粹火箭科学家沃纳·冯·布劳恩，帮助他开发出了第一部飞入太空的机器。1942 年 10 月 3 日，他研制的 V–2 弹道导弹飞到了 100 千米的高度。

冯·布劳恩固然是一位杰出的管理者和工程师，但他还是一位梦想家，是一位放眼于地球之外、畅想宇宙空间种种可能的梦想家。他想要进入太空，而不仅仅是把他的火箭送入太空。因此，在战后为美军提供专业服务、开发基于 V–2 的新型导弹时，他开始了一场宣扬太空旅行理念的运动。1954 年，冯·布劳恩向军队长官们提出了发射卫星的想法。冯·布劳恩研制的新型导弹"红石"（Redstone）原本是一种战争武器，但它也是 1955 年投入实际生产的首枚能够遵照牛顿定律将卫星送入轨道的导弹。

与此同时，在苏联，谢尔盖·科罗廖夫（Sergei Korolev）正在研制洲际弹道导弹，它比冯·布劳恩的"红石"大得多，威力也大得多，足以轰炸美国城市。科罗廖夫也意识到，这枚导弹有能力将卫星发射到环绕地球的轨道上。1955 年，科罗廖夫撰文称，苏联科学委员会正在研究太空环境。这促使美国人过早得出结论：苏联正在研制卫星。

作为对科罗廖夫此文的回应，白宫宣布，美国会在即将到来的国际地球物理年（1957 年 7 月 1 日至 1958 年 12 月 31 日）发射一颗科学卫星。艾森豪威尔想要的是一颗非军事用途的科学卫星，他在暗中掩盖这一事实：1955 年，美国其实已经开始研制一颗名为"科罗娜"（Corona）的军事侦察卫星。他要求冯·布劳恩领导的美国陆军团队暂停该项目。

作为对美国政府上述声明的回应，科罗廖夫给苏联总理写了一封信，请求支持他开展卫星研制工作。科罗廖夫的策略奏效了，他接到指示，开始研发苏联的科学卫星。这并不令世人感到意外。1955 年，美国中央情报局（CIA）警告道，苏联在 1958 年前就会做好发射卫星的准备，他们还补充道："几乎可以肯定，第一个成功发射地球卫星，从而拉开太空旅行时代序幕的国家，将获得不可估量的国际声望和知名度。"

1957 年初，科罗廖夫对他的洲际弹道导弹进行了测试。有几次测试失败了，但有两次获得了成功。10 月 4 日，第三枚洲际弹道导弹发射了首颗人造地球卫星，后被称为斯普特尼克号（Sputnik）人造卫星。仅一个月之后，斯普特尼克 2 号又将首位有生命的乘客——一条名叫"莱卡"的狗送入了轨道。这颗人造卫星绰号"穆特尼克"（Muttnik），重达 500 千克。

相比之下，按照美国的计划，首枚轨道火箭先锋号（Vanguard）原本要发射的是一颗相当于柚子大小、仅重约 1.3 千克的卫星。在斯普特尼克 2 号发射一个月后，美国做好了测试准备，但这枚火箭从未进入实际测试——它在发射台上就爆炸了。公众越发担忧此事，不过在 1958 年 1 月 31 日这

一天，冯·布劳恩的改进型红石导弹成功地将探险者 1 号（Explorer 1）卫星送入了轨道。

载人航天器

美国第一艘载人航天器的研制工作始于 20 世纪 50 年代中期。当时人们考虑过两种系统：一种是带翼火箭飞机，可以用弹道导弹发射，并绕地球飞行；另一种是带有扁平隔热罩的太空舱，基于核武器大气再入系统制造而成。当时美国军方在同时开发这两种系统。随着斯普特尼克号人造卫星的诞生，一家新的民用航天机构——美国国家航空航天局（NASA）于 1958 年 7 月 29 日签署成立，承担研制载人航天器的责任，后被称作"水星计划"。

在斯普特尼克号人造卫星获得全世界认可之后，科罗廖夫申请并获准开发一颗尺寸更大的军用侦察卫星，其上的摄像机和胶片可以替换为装载生物材料的容器，所谓的生物材料其实就是"人类"的委婉称谓。因此，到 1958 年，将人类送入太空的竞赛已然开始了。

卫星、行星和恒星

在人类真正梦想进入太空之前，他们首先要了解天上有什么。地球上的人注意到，有些星星的位置并不是固定的。虽然神话中的星座图案世世代代始终保持不变，有五个光点发出的光芒相对较为稳定，但它们所处的位置也有所改变，它们在闪烁的恒星之间移动，通常是朝着同一个方向，但在继续向前运动之前，又会向后倒退和逆行一段时间。对这些流浪星体——希腊语中称其为"行星"（planetes）——的研究是迷信的焦点。天文学家们用不同的神的名字来称呼它们，但我们知道它们就是行星。

正如第 2 章所述，发现行星和恒星之间的差异始于解释行星的运动。约翰尼斯·开普勒是 16 世纪至 17 世纪的占星家、数学家和天文学家，曾经为第谷·布拉赫工作，布拉赫是望远镜发明之前最伟大的观测天文学家之一。开普勒本人并非伟大的观测天文学家，因为他的视力很差，但布拉赫英年早逝，将几十年来积累的数据都留给了他，开普勒便利用自身的数学知识，通过几何学简化了对行星运动的预测。他解释说，行星运动的轨迹是椭圆形，而不是完美的正圆形。开普勒还可以解释它们朝着太阳运动的速度。与开普勒同时代的伽利略研究了石头下落的运动，他指出，石头在下落过程中速度逐渐加快。牛顿解释说，落石的速度加快是由一种作用力引起的，并用一个方程式说明了力、加速度和物体质量之间的关系。同一个方程式及同一种力——引力——也适用于行星。如果没有受力，行星

⊙ 古人相信，地球位于宇宙中心，万物都围绕着这颗球形的星球旋转。他们描绘出了天空中群星运动时形成的图案。

⊙ 群星被编排成假想的图案，代表着神话传说中的动物、英雄或神灵。古希腊人确定了 48 个星座，而今天获得正式认可的星座则有 88 个。

⊙ 在文明世界的许多地方，古人都修建了天文观测台。英国巨石阵建于 4000~5000 年前，用于记录时间及预测天文事件。

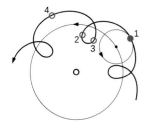

○ 古希腊最后一位天文学家托勒密描述了行星和恒星围绕地球的运动。在接下来的一千多年间，这种宇宙观被世人接受。

○ 在托勒密的天体运动模型中，行星进行着完美的圆周运动。为了解释偶尔出现的逆行，每颗行星都在一个小圆或本轮上运动，而小圆或本轮又在一个更大的轨道上运动，这个轨道被称为"均轮"。

就会沿直线运动。因此，行星的运动可以用引力来解释，它也解释了行星围绕太阳所做的运动为何会有变化（引力的大小取决于行星的质量及其与太阳之间的距离）。科学革命揭示出行星其实就是地球之外的其他一些星球。对天体的观测也表明，一些天体在太空中以线性方式运动。开普勒在 1630 年便写道，总有一天，人们会造出前往行星的飞船，当那一天来临时，就会有驾驶员驾着飞船航行太空。

太空环境

除了研究引力，伽利略还改变了"天空是水晶球"这一理论。伽利略的一个学生埃万杰利斯塔·托里拆利（Evangelista Torricelli）发明了气压计，并证明了真空的存在。17 世纪，帕斯卡对托里拆利的概念做了简化，并描述了大气压力在高海拔地区是如何降低的。这一理论反过来又引导他做出假设——地球空气上方的高空中便是真空的外层空间。

①

②

> 等造出能在群星之间航行的
> 太空飞船时，就会有人
> 自告奋勇地驾驶
> 这些飞船。
>
> ——约翰尼斯·开普勒

帕斯卡的思想不仅局限于理论领域。事实上，大气压力随着海拔的升高而降低，这是人们切身体验过的，因为在攀登高山时会出现高原反应的症状。1783 年，法国蒙哥菲尔兄弟发明了热气球。1784 年，毕业于哈佛大学的医生约翰·杰弗里斯（John Jeffries）借助这样一个气球，研究了高海拔地区气温和气压的下降。19 世纪初，热气球驾驶员开始出现高海拔症状：脉搏加快、精神不振、身体倦怠、嘴唇和头部肿胀。他们遭受了冻伤、呕吐和失去知觉等折磨。

1875 年，3 名热气球驾驶员试图打破世界海拔纪录，其中有两人死于缺氧。在第一次世界大战期间，军用飞艇和早期研制的飞机使飞行员和机组人员都暴露在高海拔条件下。因此，到 20 世纪 30 年代，航空工程师已经开发出了最早的增压机舱。早期飞机上的生命保障系统是基于潜艇上的系统开发而成的。

宇宙射线

人们飞到海拔更高的地方时，发现那里的辐射也更强。高空平流层气球及后来的火箭和卫星研究了来自外太空的宇宙高能带电原子粒子。大多数粒子似乎都起源于爆炸的恒星，其中某些就来自我们的太阳，但无论来源是什么，宇宙射线都可以轻易穿透我们的身体。此外，随着海拔的升高，射线强度也会增加——在摩天大楼或高空飞机上就比在地面上强，在太空中更是如此。宇宙射线对宇航员构成了一种切实存在的威胁。在日珥活动期间，当太阳以太阳风的形式活跃地向整个太阳系喷射带电粒子时，宇航员即便闭上眼睛，也会周期性地看到闪光，这是由于带电粒子穿过宇航员的眼睛和大脑引起的。这些粒子会破坏宇航员的 DNA，导致癌症、白内障、认知功能障碍和生理紊乱。

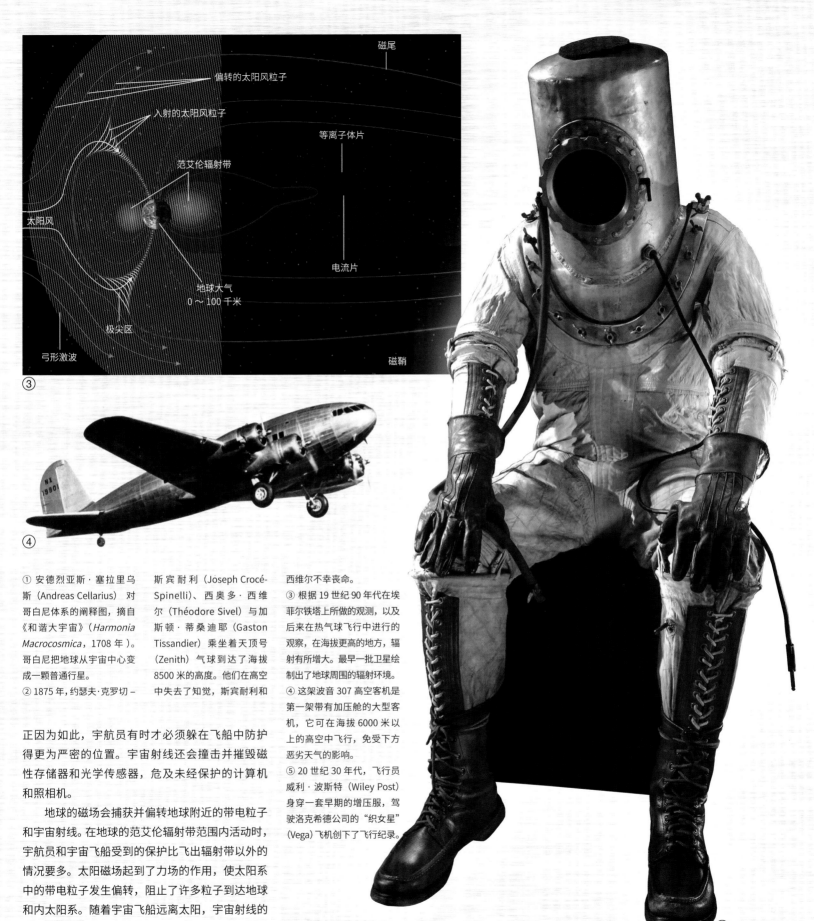

③

④

⑤

① 安德烈亚斯·塞拉里乌斯（Andreas Cellarius）对哥白尼体系的阐释图，摘自《和谐大宇宙》（*Harmonia Macrocosmica*，1708 年）。哥白尼把地球从宇宙中心变成一颗普通行星。
② 1875 年，约瑟夫·克罗切－斯宾耐利（Joseph Crocé-Spinelli）、西奥多·西维尔（Théodore Sivel）与加斯顿·蒂桑迪耶（Gaston Tissandier）乘坐着天顶号（Zenith）气球到达了海拔8500 米的高度。他们在高空中失去了知觉，斯宾耐利和西维尔不幸丧命。
③ 根据 19 世纪 90 年代在埃菲尔铁塔上所做的观测，以及后来在热气球飞行中进行的观察，在海拔更高的地方，辐射有所增大。最早一批卫星绘制出了地球周围的辐射环境。
④ 这架波音 307 高空客机是第一架带有加压舱的大型客机，它可在海拔 6000 米以上的高空中飞行，免受下方恶劣天气的影响。
⑤ 20 世纪 30 年代，飞行员威利·波斯特（Wiley Post）身穿一套早期的增压服，驾驶洛克希德公司的"织女星"（Vega）飞机创下了飞行纪录。

正因为如此，宇航员有时才必须躲在飞船中防护得更为严密的位置。宇宙射线还会撞击并摧毁磁性存储器和光学传感器，危及未经保护的计算机和照相机。

　　地球的磁场会捕获并偏转地球附近的带电粒子和宇宙射线。在地球的范艾伦辐射带范围内活动时，宇航员和宇宙飞船受到的保护比飞出辐射带以外的情况要多。太阳磁场起到了力场的作用，使太阳系中的带电粒子发生偏转，阻止了许多粒子到达地球和内太阳系。随着宇宙飞船远离太阳，宇宙射线的强度会有所增加。

美国海登天文馆会议

第二次世界大战后，各国政府都在削减军事预算，沃纳·冯·布劳恩决定直接呼吁美国人民支持航天事业。1947 年，他开始在扶轮社演讲，描述了本书第 2 章所述的太空轮概念，并谈到了前往月球和行星的太空旅行。他写了一本关于火星探险的书，试图把该书卖给电影公司制作一部完整的电影。冯·布劳恩的社区演讲让他出名了，国际宇航联合会（International Astronautical Federation，简称 IAF）要求冯·布劳恩根据他的研究内容撰写并发表一篇论文。1951 年 10 月，在纽约市美国自然历史博物馆的海登天文馆举行了首届太空旅行年度研讨会。听众中有《科利尔》杂志派出的记者，他们决定刊登系列文章，涵盖研讨会上提出的各种观点。受命负责这些文章的是记者科尼利厄斯·瑞恩和艺术家切斯利·博内斯特尔，但瑞恩一开始对这项任务并不热衷。不过，在研讨会结束 3 周后，瑞恩参加了一场关于医学和上层大气的会议，并在会议现场见到了冯·布劳恩和其他航天科学家。他们说服瑞恩相信了太空旅行的可行性及其在技术方面的发展潜力，瑞恩也因而成了太空旅行的热心支持者。

△ 太空人体生理学家海因茨·哈伯（左）、冯·布劳恩及 20 世纪 50 年代数次太空会议的组织者威利·雷正在讨论"瓶形太空服"模型，这是一种在组装空间站时使用的单人航天器。

Hayden Planetarium, 81st and Central Park West, New York City   62285 195

○ 美国博物馆的中央蔡司天象仪可以重现天空中恒星、行星、月球和太阳的运动、星座的图案以及其他行星表面的假想图景。

○ 1950 年, 美国自然历史博物馆的太空接待员杰克·加维在天文馆中接受月球和行星之旅的"预订"。

○ 从 20 世纪 30 年代开始, 人们便在海登天文馆举办天文学讲座, 20 世纪 50 年代, 这里还举办了首次关于太空旅行的太空协会会议。

○ 沃纳·冯·布劳恩、威利·雷、沃尔特·迪士尼和海因茨·哈伯教授正在为拍摄迪士尼纪录片——《我们的原子朋友》(Our friend the atom) 做准备。

《科利尔》和迪士尼

到第二次世界大战时，最著名的美国科学家是物理学教授罗伯特·戈达德，人送绰号"月球人"，他发明了液体燃料火箭。与此同时，火箭爱好者们还组建起了美国、英国、苏联和德国火箭协会，其中的两位热心人士便是前文提到过的德国的沃纳·冯·布劳恩和苏联的谢尔盖·科罗廖夫——他们最终都在各自国家的火箭和太空项目中发挥着领导作用。第二次世界大战期间，冯·布劳恩领导了第一枚弹道导弹的研制工作，V-2也是首次进入太空的飞行器。战争结束后，冯·布劳恩和其他德国火箭专家向美国投降。

②

①

① 1955年，加州洛杉矶迪士尼乐园的"明日世界"在一片欢呼和公众的热切期盼中开业。这艘"环球航空月球飞船"（TWA Moonliner）出自迪士尼的电视节目《太空人》，它试图展示未来图景，也是公园里最高的建筑。

② 沃尔特·迪士尼（图左）试图描绘和塑造出未来太空生活的强大愿景。他希望获得冯·布劳恩（图右）的帮助，以便明确这个概念。乐园入口处的一部电影展示了从太空中看到的美国面貌，就如同从X-1太空站看到的那样。

冯·布劳恩追寻的是一个人们可以探索太空、月球和其他行星的世界。20世纪50年代初，《科利尔》杂志邀请他分享自己对太空探索的看法。在互联网尚未出现、电视尚未普及之前，《科利尔》是美国最受欢迎的期刊之一。在两年多时间里，数以百万的《科利尔》读者读完了杂志刊登的八期系列文章，文中讲述了冯·布劳恩的太空探索之梦。

充气艇

冯·布劳恩鞭策着美国人保持自己的国家建立起的太空优势。在《科利尔》刊载的第一期故事中，

冯·布劳恩写到了绕地球轨道运行的空间站。各国政府可以将空间站用作维持和平的工具，因为没有哪个国家在明知处于太空侦测之下的情况下还能备战。空间站将每两小时绕地球一周，在1729千米的高空以每小时25491千米的速度运行。空间站的大部分将以充气橡胶材料制成，加压到类地球环境。它将成为太空中的前哨，满足空间站内部人员的所有需求：每人每天可获得1.4千克的空气供应，具备吸湿、空气冷却和加热的功能，提供人工重力。按照设计理念，这个轮形空间站的直径为76米，缓慢地旋转，利用离心力产生人工重力感。供电方

式是将太阳光反射到一根水银管中，水银受热流动，驱动涡轮发电机发电。空间站内部的技术人员将使用与大型光学屏幕、雷达示波器和照相机相连的特殊望远镜。"一切都将难逃法眼。"

进入轨道

将空间站送入轨道需要一枚能运载宇航员及27 272 ～ 36 363千克货物的火箭。火箭将加速到惊人的速度——每小时28 163千米，在这个速度下，其轨迹将与地球的曲率相符——它将处于自由落体状态，却永远不会落回地面。

③

③ 尽管沃纳·冯·布劳恩为纳粹服务的历史备受争议，但从 20 世纪 50 年代开始，他与沃尔特·迪士尼进行合作，当时这位火箭科学家出现在迪士尼的三部电视作品中，两人结下了长久的友谊。图为 1965 年，冯·布劳恩带着迪士尼和他的同事们参观马歇尔太空飞行中心（MSFC）。

④ 沃纳·冯·布劳恩是一位多产的天才。图中，他被多幅展示航天器概念的图片所围绕，这些概念都是他自己提出的，其中也包括轮形空间站（左下角）。

④

太空艺术家们描绘了轨道上的空间站、空间站内部情况以及数十名从事科学研究和地球观测的科学家。冯·布劳恩在谈到空间站的军事潜力时写道："空间站还有另一种潜在用途，也是最可怕的用途：它可以改装成一个相当高效的原子弹载体……可以从空间站发射装有核弹头的导弹……原子弹技术将为卫星制造商提供军事史上最重要的战略及战术优势。"

1954 年 4 月 30 日，《科利尔》杂志的系列文章以一篇火星主题的文章宣告完结。当时沃尔特·迪士尼正在筹划一档新的电视节目《迪士尼的奇妙世界》，并正在建设他的第一座主题公园——迪士尼乐园，该乐园将于 1955 年的年中开放。迪士尼认为，太空飞行有助于向世界传达"未来世界"的概念，这是迪士尼乐园的主题之一，也是迪士尼电视剧中普遍存在的内容。他找来冯·布劳恩和《科利尔》杂志的编辑们，制作了一系列以太空为主题的电视节目。在 1955 年 3 月 9 日播出的第一档电视节目《太空人》中，冯·布劳恩介绍了在地球轨道上建造空间站的过程，还将空间站描述为人类进行首次月球探险的中转站。

> 当今科学家正在打开太空时代的大门，迎接将会造福子孙后代的成就。
>
> ——沃尔特·迪士尼

艾森豪威尔的太空计划

　　德怀特·艾森豪威尔在第二次世界大战中担任盟军驻欧洲最高统帅，后来又在 1950 年担任北约（NATO）部队司令，从而认识到了航空摄影在评估敌方军力方面的价值。1953 年，随着"冷战"升级，他成了美国总统。1950 年，朝鲜战争爆发，此时，美苏军队各自将热核武器引入了兵工厂。因此，1954 年，艾森豪威尔需要借助航空摄影来评估苏联的威胁，但美国一直在领导各国进行一场关于自由飞越他国领空的国际公开大探讨，讨论的问题是，一国上方的空气和宇宙空间是否也与一国周围的领海性质相同，一国是否可以合法进入、没收或摧毁侵犯其领空的飞行器。

◐ 图为科罗娜计划中早期卫星的结构及组成剖面图。侦察相机位于左侧，胶片曝光后，则被卷入右侧的回收舱内。

◭ 科罗娜计划将曝光后的侦察胶片装在返回舱中运回，返回舱将由空军货机在空中进行回收。

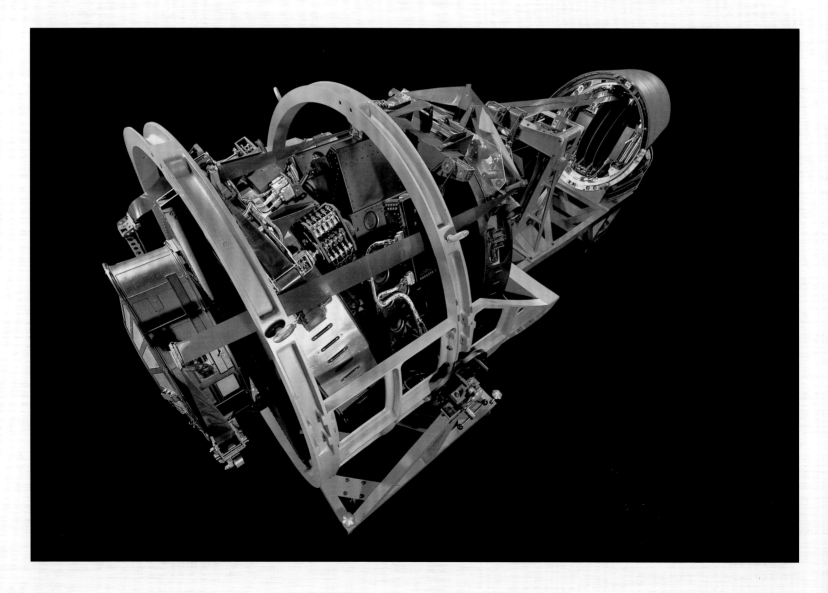

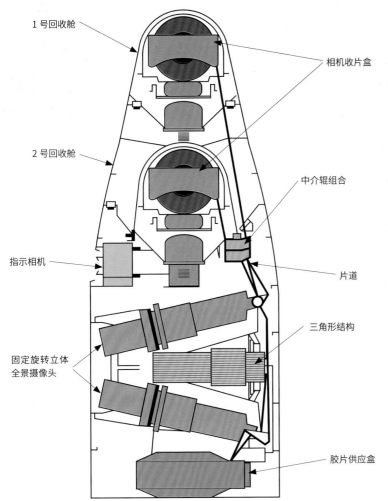

1 号回收舱

2 号回收舱

指示相机

固定旋转立体
全景摄像头

相机收片盒

中介辊组合

片道

三角形结构

胶片供应盒

● 图中显示了科罗娜侦察卫
星的布局和胶片传送路径。
这种双摄像头系统可以生成
立体图像。

● 艾森豪威尔总统正在查看
一颗科罗娜卫星的鼻锥，该
鼻锥陈列在他的办公室内。
科罗娜卫星于 1959 年至
1972 年投入运行。

● 高空 U–2 侦察机。它本质
上是一种动力滑翔机，重量
轻，机翼长，因此可以在导
弹或拦截机无法达到的高度
飞行——至少是最初无法达
到的高度。

艾森豪威尔开始研制绝密侦察机 U–2，它能在相当高
的高度飞行，令苏军的武器无法将其击落，但这只能算是
权宜之计，因为苏联的地对空导弹也在不断改进。自 20 世
纪 40 年代以来，颇具影响力的兰德公司（RAND）就一
直建议开发用于军事侦察的地球轨道卫星。艾森豪威尔于
1956 年批准了国防部的科罗娜侦察卫星系统，同年，又启
动了另一个名为"先锋号"的科学卫星研制项目。对于艾
森豪威尔提出的"太空自由"论，即允许太空飞行器自由
飞越他国上空，苏联的回应是拒绝的。他们说，这样的飞
越是为了实现侦察目的，他们不会允许这样的事件发生。

苏联的进步和美国的反应

就在艾森豪威尔发展军事化太空及航空计划时，苏联首席火箭工程师和航天器设计师谢尔盖·科罗廖夫正在制造一系列更为庞大的军用导弹，他还认识到洲际弹道导弹可以将卫星送入地球轨道。在 20 世纪 50 年代初，苏联开始朝着最终成功设计出卫星的方向进行研究。1955 年，科罗廖夫发表了关于成立科学委员会以研究太空环境的文章，促使美国当局采取行动。1955 年 7 月，美国宣布，在 1957 年至 1958 年的国际地球物理年计划中，美国预设的目标是发射一颗卫星。这颗卫星将被命名为"先锋号"，并严格用于非军事性的科研，由美国海军研究实验室（Naval Research Laboratory）基于大气探测火箭技术进行开发。

此时，冯·布劳恩主持的美国陆军"红石"导弹研制工作正在收尾阶段。冯·布劳恩的团队在 1953 年完成了第一次试射，克莱斯勒公司在 1956 年前已经开始生产导弹。1955 年，冯·布劳恩提出希望能允许他使用"红石"导弹发射一颗卫星。有一种测试弹头的改型具备发射卫星所需的设施和动力，冯·布劳恩在佛罗里达州的卡纳维拉尔角（Cape Canaveral）储备了几颗这种改型导弹。一年后，当研制先锋号的消息公布时，冯·布劳恩接到指令中止其卫星项目，这让他非常失望。尽管如此，他仍然继续致力于"红石"的研发工作，并在 1956 年选出了几种威力更强的改款。1956 年 7 月，美国宣布发射卫星之后，谢尔盖·科罗廖夫致信苏联总理，要求允许他开发一颗卫星，作为对美国行动的回应。同年 8 月，当局指示科罗廖夫启动苏联卫星的研制工作。

◐ 宇宙飞船设计师谢尔盖·科罗廖夫（左）是一名幕后推手，促成了苏联早期导弹与第一颗卫星的研发，以及首位太空人尤里·加加林（右）升空。

◑ 苏联的 R-7 系列导弹装配了相同的助推器，采用不同的上层子级进行升级。这些导弹运送了第一颗卫星、第一架月球探测器以及东方号、上升号和联盟号载人宇宙飞船。

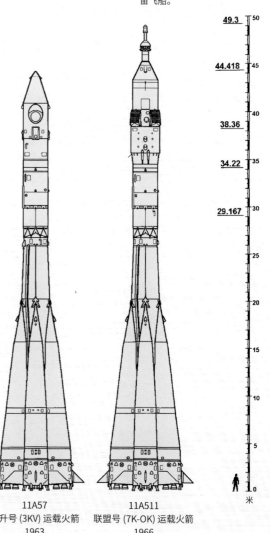

R-7 (8K71)	8K71PS	8K72K	11A57	11A511
试射导弹	斯普特尼克 (PS) 运载火箭	东方号 (3KA) 运载火箭	上升号 (3KV) 运载火箭	联盟号 (7K-OK) 运载火箭
1957	1957	1960	1963	1966

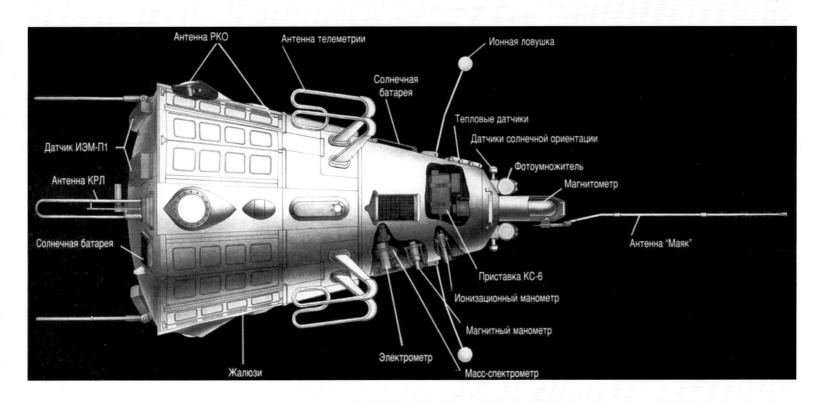

"D 目标" 原本规划的是苏联的第一颗卫星，结果发射时间被推迟到了 1958 年 5 月 15 日，成为苏联的第三颗卫星。与之前的所有卫星相比，它的质量相当大。

1959 年 9 月 18 日，NASA 在佛罗里达州卡纳维拉尔角发射了先锋 3 号（SLV–7），用于研究地球磁场和辐射带。

图为 20 世纪 50 年代初，在试验台试射 "红石" 导弹的场景。"红石" 导弹是一种液体推进导弹，也是美国首个主要火箭项目。

斯普特尼克号人造卫星

科罗廖夫现在有了一项使命。第二次世界大战结束时，美国拥有比苏联更强大的空军力量和战略轰炸机，因此具有明显的优势，从西欧盟国的领土也很容易到达苏联领土。引进喷气式轰炸机的同时更大的弹道导弹也正在研制中，因此美国需要做出决定：究竟是把主要精力集中在导弹上，还是集中在喷气式飞机上。由于战后飞行员人数众多，很多人支持喷气式飞机。鉴于远程导弹是新鲜事物，以及出于对其制导准确性的担忧，人们对资助导弹研发一事比较犹豫。当时军事开支正在急剧削减，亟待做出选择。

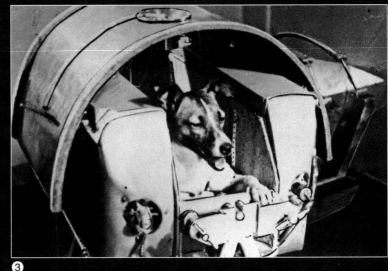

美国首个洲际弹道导弹计划始于 1946 年，但一年后又被取消。1951 年，美国军方启动了第二个洲际弹道导弹项目，名为"阿特拉斯"（Atlas，又译"宇宙神"），但几乎没有得到任何资助。与此同时，美国热核武器的体积正在缩小，因此导弹规模也可以相应缩小，以适应更小、更轻的核弹。例如，阿特拉斯就从最初的 49 米高缩至仅 23 米高。

从洲际弹道导弹到卫星

在苏联，科罗廖夫正在研制基于德国 V-2 的弹道导弹。斯大林于 1953 年 3 月去世，其继任者是尼基塔·赫鲁晓夫。同年 8 月，苏联进行了首次氢弹试验。不久之后，科罗廖夫做了一次简要汇报，并受命制造一种洲际弹道导弹，能够运载 5 吨的有效载荷飞越 8046 千米。这枚导弹远远大于以往的任何一枚，因此设计时要将 5 段类似的弹身连在一起。

1956 年 2 月 27 日，赫鲁晓夫参观了洲际弹道导弹的生产设施，导弹庞大的尺寸给他留下了深刻的印象。在参观结束时，科罗廖夫告诉赫鲁晓夫，导弹还有一种潜在的用途——发射科学仪器，一旦导弹的研制工作完成，用导弹来发射卫星就会轻而易举，而且耗资不大。他还补充道，美国正花费数百万美元来建造一枚用于发射卫星的火箭，但由于苏联的导弹已经在研制过程中，所以并不需要这笔巨额资金。赫鲁晓夫表示，只要不影响研制洲际弹道导弹这一主要任务，科罗廖夫就可以发射卫星。

最初的计划需要一个重达 1400 千克的复杂实验室，其内装载有太阳能、宇宙射线、环境传感器和来自苏联五个部委的实验内容。该项目有个相当晦涩的名字——"D 目标"。在设计过程中，有一项结构可以改成一个小隔间，以便将一条狗送入轨道。动物舱是根据苏联用于大气探测的火箭驾驶舱而设计的。

进展缓慢

到 1956 年底，"D 目标"项目已经落后了，测试模型仍未完成，洲际弹道导弹的主火箭发动机也有问题，未能产生所需的推动力。苏联人越来越感到担忧。苏联科学院表示，目标必须是抢在美国人之前将一颗卫星送入轨道。因此，他们做出了一个决定，即开发一颗质量最小的简易卫星，一旦洲际弹道导弹做好了发射准备，就可以立即使用。这颗卫星名为"简易卫星 1 号"（PS-1，Simple Satellite 1），由一个外径 58 厘米、重 83 千克的球体构成，球体内仅装备了信号发生器、无线电发射器和电池，没有搭载任何科学仪器。

科罗廖夫于 1957 年 5 月 15 日试射了首枚洲际弹道导弹，然而其中一个助推器在发生燃料泄漏后解体了，于是导弹试射惨遭失败。1957 年夏天，

① 一名技术人员正在组装苏联的"简易卫星"，这颗卫星在发射后被称为"斯普特尼克号"。

② 这是一枚早期的 R-7 导弹，其上装有上层子级，从哈萨克斯坦拜科努尔航天发射场的 1 号发射台发射升空。上层子级加大了可携带进入轨道的质量，也用于向月球和行星发射第一批探测器。

③ 太空犬莱卡成为第一只绕地球轨道飞行的动物，图为莱卡在斯普特尼克 2 号卫星的隔间里。在

第一颗卫星发射后不到一个月，它就升空了。

④《纽约时报》报道了太空史上第一颗卫星的发射情况。虽然早在若干年前，美国和苏联都宣布了发射卫星的意图，但令许多人感到惊讶的是，首先实现卫星发射的国家竟然是苏联。

⑤ 图为一位艺术家描绘的在轨的斯普特尼克 1 号人造卫星，它于 1957 年 10 月 4 日升空，携带了无线电发射器和电池，在外径为 58 厘米的光滑金属球体内供电。

④

⑤

其余几次试射也未能成功，但其中有两枚按照原定功能顺利运行。为了准备第一颗卫星发射，苏联科学院应用数学系安装了一台足有一个房间大小的计算机，这也是苏联首台高速计算机，用于计算卫星的预设轨迹。国防部建立了一个具备跟踪、指挥和遥测功能的网络，对卫星进行跟踪，这便是直至今日一直在为苏联及俄罗斯的每一次太空发射提供支持的指挥测量复合体（Command Measurement Complex，即 KIK）的前身。10 月 4 日，第三枚成功发射的洲际弹道导弹将第一颗人造地球卫星"PS"送入太空，俄文媒体称之为"斯普特尼克"，意为"卫星"。

太空犬莱卡

第二天，科罗廖夫返回莫斯科的家中，发射完成后，他感到心潮澎湃。赫鲁晓夫随后打来电话，希望了解这次发射的所有细节，最重要的是，他询问科罗廖夫能否在一个月内再发射一颗卫星，作为对 11 月 7 日这一伟大的十月社会主义革命四十周年纪念日的献礼。科罗廖夫答应了，并建议在卫星上搭载一条狗作为乘客。赫鲁晓夫欣喜若狂。他们决定不使用已在研制中但还远未完成的生物样本卫星，而是着手将现成的亚轨道探测火箭舱与斯普特尼克 1 号的复制品 PS-2 结合到一起。他们还增加了一台发射器，用无线电来发送这只狗的生命体征，并增加了一台慢速扫描摄像机，以便发回电视图像。

新的斯普特尼克号工程于 10 月 10 日启动，此时距斯普特尼克 1 号进入轨道还不满一周。工程师们增加了一台再生装置来提供氧气，并吸收狗呼出的二氧化碳和水蒸气。无须设法尝试将狗送回地面。PS-2 球体的初始设计看起来跟斯普特尼克 1 号一模一样，被安装在动物太空舱的顶部。一共有 10 只候选犬只接受了探测火箭大气层飞行训练，之所以选中莱卡，是因为它的性格安静、平和。另一只狗阿尔比娜则是候补，它此前已经飞过两次了。

11 月 3 日，斯普特尼克 2 号首次将生物送入轨道，就是这只名叫莱卡的狗。斯普特尼克 2 号重达 500 千克，但在整个任务过程中始终附着于洲际弹道导弹的最后一级上，该级火箭加上卫星的总质量接近 6000 千克。狗所处的舱室温度很高，引起了一些不适。在飞行的第四天，这只狗死于高温。

相比之下，美国计划中的第一枚轨道火箭先锋号原本准备发射的是一颗葡萄柚般大小、仅重 1 千克的卫星。在斯普特尼克 2 号升空一个月后，先锋号做好了发射准备。但这枚火箭此前从未进行过测试，在发射台上就爆炸了。

先锋号和探险者

随着苏联的太空计划向前推进，美国国家科学院开始鼓励本国政府于1952 年发射一颗卫星，作为国际地球物理年的一部分。1955 年 7 月，艾森豪威尔总统宣布美国将采取上述行动，并指派美国海军研究实验室负责此事。这颗卫星将是一个直径为 15 厘米的球体，带有一块早期的太阳能电池板和电池。先锋号的助推火箭是以用于大气科学观测的探空火箭为基础开发的，此前从未飞行过。

虽然原本计划进行时间较长的测试，但当苏联成功地发射了斯普特尼克 1 号和 2 号以后，该项目的推进猛然加速，第一次测试发射定于 12月 6 日。发射时，火箭升空了大约 1.3 米，但随即失去推力——火箭落

○ 1957 年 12 月 6 日，美国首次尝试发射卫星——先锋号测试飞行器（TV-3，Vanguard Test Vehicle 3）。火箭只上升了 1 米多便又下落，并在发射台上爆炸。

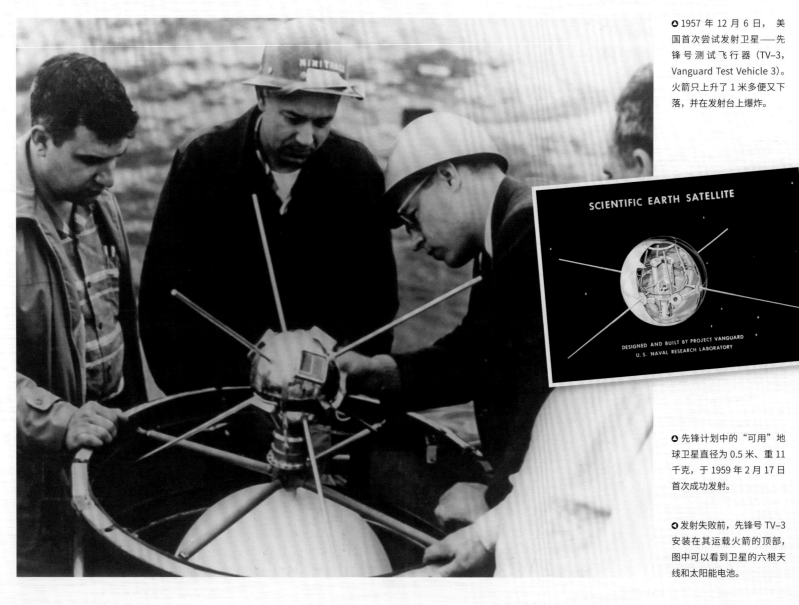

SCIENTIFIC EARTH SATELLITE

DESIGNED AND BUILT BY PROJECT VANGUARD
U. S. NAVAL RESEARCH LABORATORY

○ 先锋计划中的"可用"地球卫星直径为 0.5 米、重 11千克，于 1959 年 2 月 17 日首次成功发射。

○ 发射失败前，先锋号 TV-3安装在其运载火箭的顶部，图中可以看到卫星的六根天线和太阳能电池。

● 1957 年 12 月 6 日发射失败的先锋号 TV–3 从助推器上掉了下来，但它还在继续传输信号，最终被人寻获，并在史密森学会展出。

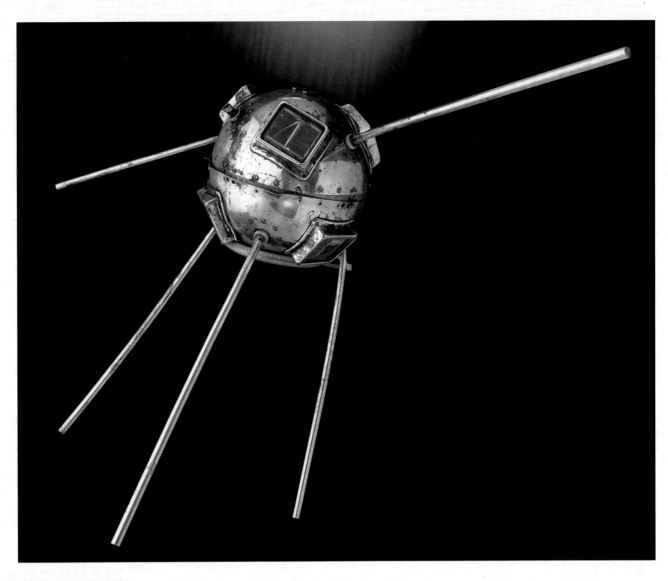

● 1958 年 1 月 31 日，美国第一颗成功发射的卫星探险者 1 号在卡纳维拉尔角升空，它的运载火箭是一枚经过改装的美国陆军"红石"导弹，已经存放了大约两年。

回发射台，燃料箱爆炸了。卫星被抛到一边，像已经进入轨道那样开始发射信号。

沃纳·冯·布劳恩曾经设计过一种威力更大的火箭，其主要部件就是经过改进、动力有所增强的红石，名为"朱诺 1 号"（Juno 1）或"木星 –C"（Jupiter-C）。为了进行卫星发射，火箭又另行增加了两级，每一级都由小型固体火箭发动机组成。由喷气推进实验室制造的探险者 1 号卫星携带着几种仪器——均由艾奥瓦大学的詹姆斯·范艾伦博士（James van Allen）开发——测量声学、温度、微陨石和宇宙射线的相关情况。这些仪器是基于第二次世界大战后美军对缴获的 V–2 火箭进行测试时使用的仪器开发而成的。探险者 1 号重 14 千克、长 205 厘米。1957 年 11 月，苏联发射了斯普特尼克 2 号人造卫星，此后探险者 1 号获准进行发射准备。经过 84 天的准备，美国第一颗卫星于 1958 年 1 月 31 日发射成功。

人在太空

　　推动太空竞赛的不仅仅是标准火箭。在第二次世界大战中，德国人和苏联人都开发了火箭飞机，最早问世的是 1942 年苏联的 BI–1 和 1944 年德国的 Me–163。1945 年，第二次世界大战结束后，美国制造出了贝尔 XS–1，后来被称为贝尔 X–1，它在 1947 年由查克·耶格尔驾驶的水平飞行中打破了声障。

①

②

① 作为对本国在导弹方面处于落后地位的反应之一，美国于 1958 年出台了《美国国家航空暨太空法案》，该法案促成了 NASA 的创建，该局在美国非军事性太空探索领域成为先驱者和领导者。

② 1958 年，美国参议院多数党领袖林登·约翰逊手持先锋号卫星的复制品。当时人们普遍认为，苏联已经研制出了一种洲际弹道导弹，其运载能力远远胜过美国。

③ 图为 1955 年穆拉克陆军机场南部基地（South Base of Muroc Army Air Field）的高速飞行研究站的湖床上，早期 NACA 研制出的飞机：从左至右依次为贝尔 X–1E 机、道格拉斯 D–558–II 型天空火箭机和贝尔 X–1B 机，都能进行超声速飞行。

　　随即出现的是初始版美国陆军的 X–1 的若干改型——美国海军的 D–558 和美国空军的贝尔 X–2。1954 年，美国空军开始研发一种超声速火箭飞机，名为 X–15，可以以五倍声速飞行，也可在太空中飞行，飞行高度超过 31 000 米。在这一历史时期，这样的表现水准相当惊人，因为此时距喷气式飞机问世才刚刚十年出头。

　　美国空军还在研制 X–15 的后续机型，据悉该项目名为"人类最早进入太空计划"（Man In Space Soonest，简称 MISS）。该计划可以使用航天飞机或鼻锥形航天器，不过二者都将借助弹道导弹进行发射。1958 年 1 月，美国空军召开了一次会议，探讨了替代方案。美国国家航空咨询委员会（National Advisory Committee for Aeronautics，简称 NACA）和麦克唐纳飞机公司推荐的方案是由阿特拉斯洲际弹道导弹发射的鼻锥形飞行器。他们得出的结论是，无翼锥形太空舱的设计、制造和飞行难度都较低。

生物运载

　　谢尔盖·科罗廖夫也想把人送上太空，从 1955 年开始，他就在研究其他的设计方案。为科罗廖夫提供资金的是苏联国防部，因此他奉命先以研发洲际弹道导弹为重点，再将重心放在侦察卫星上。这种卫星可以将照相机和胶片放在一种特制的舱内，向外弹射并返回地面。然而，科罗廖夫还是研发了另一种可携带生物样本的舱室，体积之大足以容纳一个人。返回舱是球体，一侧较重，这样从轨道返回时可以获得被动稳定性。舱内装有塑料和石棉隔热罩，但厚度过大，这个失误导致飞船整体过重，无法在降落伞下轻轻着陆。设计者选择了弹射座椅，这样乘客就可以单独降落了。

处于竞争中的 NASA

　　斯普特尼克号人造卫星的发射在美国引发了一场导弹危机，因为携带人造卫星的苏联洲际弹道导弹也可携带着核弹飞抵美国任何一座城市。在导弹研制方面的差距是真实存在的，尽管只是暂时性的。国会开始就太空和导弹问题举行听证会，他们决定由一个全新的机构——NASA——来接管民用航空和航天项目，负责航天器，而美国空军则保留了航天飞机的相关工作。

　　NASA 的工程师们制订了一项计划：他们的航天器将搭载一个人进入轨道。基本设计在几周之内就完成了，这项计划和该航天器都被命名为"水星"。

③

麦克唐纳飞机公司将负责这艘飞船的制造工作，到1959年4月，他们从试飞员中选出了第一批宇航员。

与此同时，科罗廖夫饶有兴趣地观察着NASA的成立和美国"水星计划"的创立。他召集成立了一个由苏联航天器设计师组成的委员会，众人一致建议将搭载人类进入轨道作为首要任务。该计划原

> **什么也阻止不了我们。通往群星的道路既陡峭又危险，但我们不怕……太空飞行势不可当。**
>
> ——尤里·加加林

本已经进行了两年，在1959年1月进一步加快了速度。看似苏联人拥有组织良好的计划，有序地实现着具有挑战性的目标。但这其实是一种误解，主要是因为他们的洲际弹道导弹尺寸庞大，所以可以将体积较大的物体送入轨道。在国内，苏联领导人倒是担心他们的方案既无组织也无计划。在挑选执行太空任务的乘客时，科罗廖夫说，他们并不需要训练有素的工程师或经验丰富的飞行员。他认为，他们的航天器是高度自动化的，跟美国的航天器不同，后者在执行任务阶段需要飞行员进行操作。而苏联的候选宇航员只需头脑聪明、能适应高压力环境且身体健康。

对于苏联人来说，赶在美国人完成同样的壮举之前进行第一次载人轨道飞行是至关重要的。

苏联颁布的一份文件规定，首位人类飞行员务

必在1960年底前进入轨道。1960年5月15日，第一艘东方号（Vostok）宇宙飞船的原型被送入了轨道。

"水星计划"

1960年7月29日，美国第一艘水星太空舱本应由阿特拉斯洲际弹道导弹发射升空，进行亚轨道飞行。这次任务原本准备对轨道飞行的诸多要求进行演示，结果发射1分钟后，阿特拉斯火箭爆炸，太空舱随之损毁。8月19日，苏联第二艘东方号宇宙飞船将两只狗和其他一些活体生物样本送入轨道。球形太空舱成功地从轨道返回，这也是航天器有史以来第二次从太空返回。

在执行轨道任务之前，美国"水星计划"将用更小的助推器进行无人驾驶的亚轨道测试，并使

①

②

成为第一个进入宇宙的人，
与大自然进行一场前所未有
的决斗，这难道不是登峰
造极的梦想吗？

——尤里·加加林

用冯·布劳恩经过多次测试、性能更可靠的"红石"，而非相对较新、容易出现故障的"阿特拉斯"。1960年11月21日，"水星－红石号"做好了发射准备，发动机轰鸣着发动起来，但随后就熄火了。安装在太空舱顶部的水星逃逸火箭被释放并发射，但火箭和太空舱没有随之升空。随后，1960年12月19日，有一枚"水星－红石号"成功发射，这是"水星计划"的航天器首次进入太空，不过尚未进入轨道。

尤里·加加林

1959年1月，包括军方代表在内的苏联国家委员会召开会议，讨论为航天器挑选受试人的标准。他们最终认定，苏联空军的训练可以给予候选人适当的指导和经验。1959年夏天，3000多名飞行员的档案被审查，其中有许多人由于身体原因而遭淘汰。到了9月，尽管各位候选者并不知道是何原因，但他们仍在接受面试。10月份，有200多人获选

继续参加测试，其中有多人在接受高强度的身体和精神测试时中途退出。不过，到1960年1月，最终定下了20名候选人，他们的身份于2月25日公布。与1959年4月选出的美国人不同，这些苏联人都不是试飞员，其中仅有一人驾驶过高性能喷气式飞机，许多人的飞行时间都极为短暂，尤里·加加林就是其中之一，他仅有230个小时的飞行时间。

苏联人研制出了航天器驾驶舱模拟器。这是苏联建造的首台陆基飞行模拟器，因为只有一台，所以仅有6名候选人被选中接受第一次飞行训练。其中有些人是由于身高和体形等生理特征被淘汰的，还有一些则是因为身体状况而被淘汰的。最终的获选者被称为"六人先锋队"。在这六人当中，有四人将搭乘第一艘宇宙飞船（当时叫作东方号），另外两人则在训练中受了伤。

1961年1月，候选宇航员们在模拟器内进行了一系列口头和书面测试及练习。其中尤里·加加

林备受大家喜爱，他在测试中表现得也很出色。加加林来自工人家庭，他专心致志、讨人喜欢、适应能力强。他已在空军服役五年，似乎是科罗廖夫最偏爱的一位候选人。关于谁应当成为"太空第一人"这个问题，20名宇航员候选人都投了票，其中17人把票投给了加加林。

苏联人担心他们的火箭和航天器的可靠性，还担心宇航员的安全。此前，装有同类型第三子级的同型号火箭，也就是要把加加林搭乘的东方号送入轨道的那个型号，曾发射过16次。在16次发射中，有6次由于洲际弹道导弹的故障而失败，另外2次则是由于上级火箭的故障而失败，所以其成功率为50%。而在执行东方号任务的7次尝试中，有2次未能进入轨道，还有2次在进入轨道后无法完成任务。但是苏联人认定，他们已经做了力所能及的一切。于是，1961年4月12日上午9点06分，东方号飞船搭载着27岁的乘客尤里·阿列克谢耶维奇·加加林升空了。发射时，他说：

③

⑤

④

① 冯·布劳恩要求对搭载了水星号太空舱的红石号助推器进行额外测试。由于这次试验耽搁，苏联比美国提前数周将人类送上太空，这激励了肯尼迪下赶在 20 世纪 60 年代末之前实现人类登月的目标。
② 1959 年 1 月，正在进行全尺寸风洞测试的水星号太空舱。
③ 图为加利福尼亚州爱德华兹空军基地坡道上的贝尔 X-2（46-674）。X-2 后方为地面支援人员、B-50 载机及机组人员、伴飞飞机和支援车辆。
④ D-558-II 是第一架飞行速度超过声速两倍（2400 千米 / 小时）的飞机。这次飞行发生在 1953 年 11 月 20 日，由 NACA 飞行员斯科特·克罗斯菲尔德（Scott Crossfield）驾驶。
⑤ NASA 在亚轨道飞行中使用红石火箭测试水星 1 号载人航天器。这可使航天器的测试免受轨道飞行的全部影响。

"我们出发了！"

发射按原计划进行。2 分钟后，助推火箭燃尽并分离，5 分钟后，主洲际弹道导弹核心段推进完毕并分离，上级火箭开始点火。加速度水平升高，加加林的脉搏加速到每分钟 150 次，但他继续淡定地汇报着各项任务进展。11 分 16 秒，到达轨道。火箭发射时间过长，且轨道比原定计划高出 70 千米。

加加林说，他感觉不错，而且在执行任务的过程中，他大部分时间都在谈论舷窗外的景色。按照原定计划，这次完整的飞行时长 98 分钟，应当是自动完成的，不过手动定位系统配有控制装置。想要进入这个系统，操作者必须输入密码，密码被密封在一个给宇航员的信封里，除非自动化系统失灵，否则宇航员不得打开信封。升空不到一小时，此时加加林仍在太空，莫斯科电台首先发布了一系列刻意安排的通告，以确保一旦出现偏离目标的着陆情况，宇航员仍能获救。随后报道说，苏联空军飞行员在太空中，在地球轨道上，在东方号宇宙飞船内，

他的名字叫加加林。

对加加林来说，万幸的是，东方号的自动化系统工作正常，飞船定向未出现故障。在升空 1 小时 19 分钟后，制动火箭自动点火 40 秒，降低了飞船的速度。此后，飞船的仪器部分，连同制动火箭引擎、供呼吸的额外空气和动力系统都应被抛弃。加加林当时与地面失去了联系，他感到一阵颠簸，然后飞船开始快速翻滚，每 12 秒旋转一次。他能看到非洲大陆从舷窗外呼啸而过，然后依次是地平线、太空、太阳，不断循环。飞船翻滚着失去了控制，仪器部分未能成功脱离。再入大气层的高温开始了，但他并没有背部向前、朝着飞行的方向，以获得隔热罩最厚的那一部分的保护，而是面部向前、被约束装置紧紧牵拉着，载人球形太空舱相对较重，而比较轻的仪器部分仍然与之相连，于是太空舱在前、仪器部分在后，由隔热罩最薄弱也最起不到保护作用的那一部分承受了摩擦升温的主要冲击。他知道实际情况与事先的计划有所出入，但他对此根

本能为力。大约 10 分钟后，由于再入大气层时摩擦产生的高温将连接飞船两部分的缆绳和系带熔化了，仪器部分脱离了，受到重压的球形太空舱又重新恢复了正常。他能看到隔热罩熔化的情形，能听到它噼啪作响的声音。太空舱里的温度开始上升，加速度水平增加到 10g 左右。加加林的视线模糊了，他感到头晕，但他努力恢复了知觉。宇宙飞船缓慢地震荡着。

在 7000 米高空，主降落伞张开，舱门弹开，紧接着他的弹射座椅火箭点火，将加加林射出了飞船。座位分离，他的降落伞打开，他立刻就辨认出了下方的地形：是伏尔加河，萨拉托夫地区，斯梅诺夫卡村，恩格斯镇。加加林轻轻地降落。他头盔上的气阀卡住了，他花了 6 分钟才打开气阀，呼吸到新鲜空气。

苏联取得的成就是一座重要的里程碑。这是人类第一次离开地球，在太空中飞行，对失重状态的体验超过了 30 秒。

美国国家航空航天局

　　美国要想与苏联竞争，就需要世界级的航天组织。NACA 成立于 1915 年，尽管在 20 世纪早期，美国曾经主导过重于空气的飞行器领域，但其技术领先地位很快被欧洲赶超，在航空研究方面已然落后。NACA 成立的目的是将这类研究和信息传播集中化。NACA 在导弹领域发挥的作用相对较小，主要从事技术研发，并参与了 20 世纪四五十年代的火箭飞机项目，比如耶格尔打破声障的贝尔 X-1 飞行项目。NACA 还研发了机翼形状、推进、仪器和控制系统，并培养了一些试飞员，大部分工作是编写和出版报告。军方往往会在新型飞机的研制工作中居于领导地位，并承担大部分成本。然而，到了 20 世纪 50 年代，艾森豪威尔总统产生了将民用航天与军事航天划分开的兴趣。他规定，国际地球物理年的卫星应当是民用卫星，但美国没有相应的民用组织来进行相关的设计和开发。当斯普特尼克号人造卫星危机来袭时，美国需要一家全新的民用航天机构。于是，国会和总统将 NACA 变更为 NASA，负责非军事性质的航空和太空研究。1958 年出台的《美国国家航空暨太空法案》规定，美国在太

○ 1958 年 8 月 19 日，艾森豪威尔总统宣誓任命基思·格伦南博士（Dr. T. Keith Glennan，左）为 NASA 首任局长，休·德莱顿博士（Dr. Hugh Dryden，右）为副局长。

○ 1960 年 7 月 1 日，冯·布劳恩与奥古斯特·朔姆博格（August Schomburg）少将主持了美国陆军弹道导弹局与 NASA 马歇尔航天飞行中心的移交仪式。

○ NASA 首席研究飞行员约瑟夫·沃克（Joseph Walker）是 NASA 首位驾驶 X-15 火箭飞机的飞行员，他在 1962 年实现了 X-15 火箭飞机的最快速度：7060 千米 / 时。1963 年，他还创下了 108 千米的飞行高度纪录。

空的活动应"致力于和平"。NASA 则承担了开发非军事卫星和发展载人航天计划的责任。

　　在美国人成立 NASA 之时，"太空军人"（Military Man in Space）计划也同时并存；美国空军在 1958 年也有三个这样的项目。X-15 是一系列火箭飞机当中最新的一款，有能力进入太空，而 X-20 原本是用大力神（Titan）火箭发射的，目标是在太空中和轨道上飞行。MISS 计划研究了鼻锥形航天器的使用，该航天器在轨道上飞行时使用的是钝型隔热罩。这项计划的目的纯粹是要抢在苏联人之前把美国人送入太空。

◐◐ X-15 火箭飞机达到了 100 千米以上的飞行高度。它的研发重点是高超声速飞行以及先进航空航天器的人机界面控制系统。

◑ 直径为 4 米的航标与铅球号（Beacon and Shotput）充气式卫星于 1959 年至 1960 年发射，并成为直径达 30 米的回声号（Echo）无源通信卫星的原型。

○ 图中，水星号飞船原型架设在一台小乔伊 1 号（Little Joe I）固体火箭助推器的顶端。小乔伊号被用来测试水星号逃生火箭和降落伞回收系统。

NASA 成立之时，MISS 项目被移交给 NASA，而美国空军则保留了带翼火箭飞机项目。冯·布劳恩主持的红石兵工厂小组在该组织中负责美国陆军的月球基地计划，也一并移交给了 NASA，围绕月球基地概念而开发的内容则被纳入阿波罗计划中。

○ 1959 年 8 月 20 日，在与小乔伊号火箭组装之前，一名技术人员在连接逃生塔与水星号太空舱的过程中细致地调校火箭发动机。这些太空舱是由兰利研究中心的工程师们生产的。

🔾 1966 年，NASA 飞行研究中心的 4802 机库。左侧的机型包括（从左至右）HL–10、M2–F2、M2–F1、F–4A、F5D–1、F–104（图中几乎看不见）和 C–47。右侧的机型（从左至右）包括 X–15–1（56–6670）、X–15–3（56–6672）和 X–15–2（56–6671）。

🔾 1966 年 NASA 诸位关键人物（从左至右）：载人航天中心医学总监贝里博士、飞行任务成员办公室主任唐纳德·斯雷顿博士、飞行主管尤金·克兰兹、载人航天中心双子星座号计划负责人马修、NASA 总部双子星座号任务经理施耐德、戴维斯将军、载人航天中心主任吉尔鲁斯博士、NASA 载人航天飞行副局长穆勒博士。

东方号

NASA 不得不与干劲十足的苏联太空计划竞争，因为到 1960 年，东方号宇宙飞船已经进入了研制工作的最后阶段。东方号并没有正式的开发计划，科罗廖夫只是希望在历次飞行中，每回都能比上一次取得更大的成就。在加加林完成绕地球一周的飞行后，第二位宇航员盖尔曼·蒂托夫（Gherman Titov）飞行了整整 24 小时，在整个飞行过程中，他一直忍受着"航天病"的折磨。在大气再入阶段，他遇到了与加加林同样的麻烦——两个模块无法分离，但与加加林一样，他也安全着陆了。

接下来的两次任务，苏联人是同期执行的，分别是 1962 年 8 月 11 日搭载安德里安·尼古拉耶夫（Andrian Nikolaev）的东方 3 号和 1962 年 8 月 12 日搭载帕维尔·波波维奇（Pavel Popovich）的东方 4 号。这两艘飞船在邻近轨道上飞行，但彼此之间的距离始终大于 5 千米。他们两人分别经过 3 天和 4 天的飞行后，相隔 6 分钟依次着陆。首位进入太空的女性瓦伦蒂娜·捷列什科娃（Valentina Tereshkova）参与了下一次双飞船任务。东方 5 号搭载着瓦列里·拜科夫斯基（Valery Bykovsky）于 6 月 14 日发射升空，原计划绕轨道飞行 8 天，但由于所处轨道较低，仅飞行 5 天后便被迫返回。搭载着捷列什科娃的东方 6 号在东方 5 号发射两天后升空。与之前发射到相似轨道上的东方 3 号和东方 4 号组不同，东方 5 号和东方 6 号的轨道平面偏离了 30°，所以这两艘飞船每绕轨道飞行一周，就会短暂地相互接近两次。

捷列什科娃在执行任务期间生病了。在绕轨道运行最初几周时，她便感到不适，苏联人曾考虑过提前结束任务，但他们与捷列什科娃讨论情况时，她表示自己感觉好些了，并要求不要因此中断任务。虽然遥测显示她的生物体征处于正常状态，但她在电视画面上显得疲惫而虚弱。后来她报告道，她曾呕吐过一次，应该是劣质食品所致。按照飞行计划，她第二天需要对航天器进行手动控制，但她无法确定飞行器的方向。这引起了地面的高度关注——如果她无法进行手动控制，万一自动系统失灵，她就有可能面临危险。6 月 19 日，在飞行到第三天时，捷列什科娃成功进行了 20 分钟的手动控制操作，这让地面控制人员感到宽慰。

相比之下，拜科夫斯基完全是在享受飞行的乐趣。他一直感觉良好，在

⬆ 瓦伦蒂娜·捷列什科娃成为首位进入太空的女性，她乘坐东方 6 号飞船执行了为期三天的绕地球轨道飞行任务，从而赢得了这一殊荣。捷列什科娃也是第一位以非飞行员身份飞上太空的人，她凭借自己 126 次的跳伞经验而被选中。

🔽 图为 R-7 "第 7 号" 火箭发射东方号的场景。尽管该火箭是作为洲际弹道导弹武器而研制的，但其实从未按照这一用途进行过实际部署。从 1957 年至今，它一直被投入使用，发射次数超过了所有其他卫星发射器的总和。

○ 技术人员在为东方号飞船做飞行准备。球形再入舱是宇航员的容身之处。它的重心并非居于正中，这样在再入过程中便可自动保持球形舱的朝向。整个航天器是自动化操作的，无须飞行员加以干预。

○ 发射台上的 R–7 "第 7 号" 火箭。格栅式结构的顶端是火箭的上层子级，它会将东方号送入轨道。东方号球形舱隐藏在其鼻锥罩下。

船舱里自由飘浮着，有一次在绕地球一周期间始终处于飘浮状态。不过，当局决定提前结束拜科夫斯基的飞行，因为他的飞行高度低于要求，除非尽早制订返航计划，否则飞船可能会在计划之外的地球上某一位置自行再入大气层。

捷列什科娃飞行到第三天的时候，她的飞船原本应当自动对齐并执行制动火箭的点火发动，但地面工作人员越来越担心，因为自动操作虽按原计划进行，但在整个制动和大气再入过程中，捷列什科娃始终未能汇报自身状况。经过近三天的飞行，她安全地跳伞着陆，但人们认为她的表现不够好。除了未能按计划对飞船进行控制之外，她也没有记录自己的身体状况，包括食物摄入量。而且在着陆后，她又把剩余的食物分给了当地村民，这就意味着她在飞行期间的食物摄入量缺乏足够的数据。在她的飞行结束后，医疗组和星城（Star City）撰写的报告都批评了她的这一行为。拜科夫斯基的返航则遭遇了与两年前的加加林和蒂托夫一样的问题，设备模块未能脱离，飞船在翻滚中再入大气层，之后背向运动。但经过近五天的飞行，他仍然安全着陆，并未发生事故。

水星计划

美国的水星计划与苏联的东方号计划同时进行。水星计划的目标很简单：将载人宇宙飞船送入轨道；研究人类在太空中活动的能力；实现人及飞船的安全返回。水星计划执行的前两次任务都是用红石号发射的，但其威力尚不足以将水星号送入轨道，于是他们转而改为持续15分钟的亚轨道飞行。一切进展顺利，艾伦·谢泼德（Alan Shepard）成为进入太空的首位美国人。

水星计划的第二次飞行搭载的是宇航员维吉尔·"加斯"·格里森（Virgil "Gus" Grissom），他遵循的是同样的模式。飞行过程本身进行得相当顺利，但返航过程则不然，因为在格里森等待直升机拖吊他的太空舱时，舱门提前开启了，水从周围灌了进来，而此时他已经摘下了头盔。格里森逃了出来，不过差点被淹死，他的救生舱也不见了。然而，格里森乘坐的飞船本身运行

● 1962年2月20日，友谊7号（Friendship 7）水星飞船借助阿特拉斯助推器升空，约翰·格伦（John Gleen）乘坐这艘飞船绕地球飞行了三周，行程持续约5个小时。

● 第一批美国宇航员被称为"水星号7人组"（Mercury 7）。他们在1959年入选，1961年首次进入太空飞行，最后一次飞行是约翰·格伦在1998年进行的末次太空之行。

● 1960年，麦克唐纳飞机公司的技术人员建造了一艘水星号单人飞船。太空舱的底座很宽，同时也用作隔热罩，以便阻断再入大气的热量。

● 1961 年 5 月 5 日，美国第一位宇航员艾伦·谢泼德乘坐自由 7 号水星飞船，由红石助推火箭发射升空。

● 约翰·格伦通过一个小舱口，进入友谊 7 号水星飞船，开始美国首次载人轨道飞行。这艘飞船很小，仅有大约 3 米长、2 米宽。

良好，因此水星计划开始转向轨道飞行。1962 年 2 月 20 日，当约翰·格伦飞上太空时，苏联人已经将两名宇航员送入了轨道，且其中一人的飞行时间达到了整整 24 小时。格伦的任务仅持续了 5 小时，不过这次任务完成得很成功，他也成为第一位环绕地球飞行的美国人。下一次飞行重复了格伦的飞行过程，但宇航员马尔科姆·斯科特·卡彭特（M. Scott Carpenter）在执行计划任务时表现较差。他使用了过量的燃料，重返大气层时甚至将燃料耗尽了，为了不失控，他提前打开了降落伞。

由于制动火箭点火时间过晚且位置不当，飞船在海中溅落时与原定位置偏离了 400 千米。相比之下，下一次任务——绕轨道 6 周的飞行的完成情况则是教科书级别的，实现了预设的所有目标。这项计划执行的最后一次任务是绕轨道飞行 22 周，持续 34 小时，到最后，许多系统都失灵了，需要宇航员进行手动控制，但最终所有任务目标都圆满实现了。

上升号宇宙飞船

继东方 6 号之后，苏联军方企图将更多的东方号飞船用于军事实验。科罗廖夫奉命要赶在美国"双子星座"计划将两名宇航员送入轨道之前，将本国的三名宇航员送入轨道。这次任务被命名为"上升号"，但使用的仍是东方号宇宙飞船。东方号的工程师反对将三个人放在同一艘东方号飞船上，他们觉得这样太危险了。科罗廖夫说，要挑选一名工程师作为机组成员参与此次飞行，这让设计工程师们表现得更为积极。康斯坦丁·费奥基茨托夫（Konstantin Feoktistov）是东方号的首席设计师，他提议，在这次飞行中让三名宇航员不穿太空服，也不配备弹射座椅——反正，机舱内必须有空气，而且万一火箭真的失灵，即便有弹射座椅也根本无法降落。这次任务增加了两枚火箭，一枚在轨道上用作后备制动火箭，以确保飞船按时返航。在东方号的飞行中，他们允许飞船的轨道自然衰变并再入，还为宇航员配备了能维持 10 天的食物和氧气。第二枚火箭最终撞击地球时的速度会减慢，不过也增加了减震座椅。除了飞船内部非常拥挤之外，还有另一个问题：环境控制系统原本只是为单人设计的，如果飞船上搭载了三个人，系统就会过热。

这架航天器于 1964 年 8 月完成，但在 9 月的一次试验跳伞中失灵，试验舱被毁。在机组人员的组成方面也出现了相当大的分歧，直到距离发射仅有几周时仍未达成一致。科罗廖夫最后拍板，选择了费奥基茨托夫，因为他可能比任何人都更了解这架航天器的设计，

△ 俄罗斯莫斯科附近的能源号火箭博物馆（Energia Museum）内展出的上升 2 号宇宙飞船实物。充气式气闸系统和阿列克谢·列奥诺夫的宇航服也都是备用版实物。

△ 第一批进入太空的多名宇航员，包括上升 1 号机组人员费奥基茨托夫、科马罗夫和叶戈罗夫。三人都只穿着夹克衫，因为如果穿上压力服，他们几个就挤不进宇宙飞船了。

◎ 图为一枚苏联邮票，展示的是上升 2 号任务中的太空行走。虽然在这一时期，苏联已经公布了单人版东方号飞船的设计，但这幅图中的飞船看起来还是与上升号没有半点儿相似之处。

○ 原本计划还要进行更多的上升号多人航天飞行，但并未付诸实施。图为准备就绪的上升 3 号宇宙飞船。除了安装在顶部的圆柱形备用制动火箭之外，大部分外部配置与单人版的东方号飞船一模一样。

○ 拜科努尔航天发射场内，上升 1 号宇宙飞船装在其 R-7 助推火箭上。最左侧是备用制动火箭，以确保在一天内返回地球，因为航天器只携带了仅供一天所需的飞行补给。

但很多人都认为他难以相处、性格孤僻，而且他患有溃疡，还是近视眼。医生说他的身体状况不适合执行任务，但科罗廖夫力排众议，做出了决定。

10 月 12 日，上升 1 号进入轨道，执行了为期一天的三人飞行任务，机组成员包括工程师费奥基茨托夫、医生鲍里斯·叶戈罗夫（Boris Yegorov）、飞行员弗拉基米尔·科马罗夫（Vladimir Komarov）。为了抢在美国人之前，下一次任务将包含一次太空行走。这次任务原先被命名为"外出号"（Vykhod），不过在发射数天前又重新命名为上升 2 号。两名宇航员于 1965 年 3 月 18 日升空。为了进行太空行走，需要在轨道上部署一个以橡胶和织物为材料的可折叠、可充气的气闸。气闸充气之后，阿列克谢·列奥诺夫（Alexei Leonov）飘浮到飞船外。但在 10 分钟的太空行走结束时，他的太空服膨胀了起来，导致他无法重新回到气闸内。那是一个有可能引发灾难的危急关头，但他采取了对太空服进行局部降压的做法，以便能够重新进入气闸。

在任务结束时，宇航员必须对制动火箭的点火加以控制。但由于他们的座位调整了位置，无法很好地接近飞船的控制装置或舷窗，导致这一操作很难实现。因此，他们延迟了制动火箭点火的时间，结果在距离目标位置很远的地方着陆，救援人员花了两天时间才找到他们。

双子星座计划

阿波罗任务必须实现特定的活动和功能，宇航员才能在月球上行走，而"双子星座"计划则是进行测试的必要步骤。双子星座计划的目标在于证明人和飞船能在太空中运行两周，他们可以演示交会和对接、展示精确的轨道变化、在宇宙飞船外执行有用的工作，并实现精确着陆。

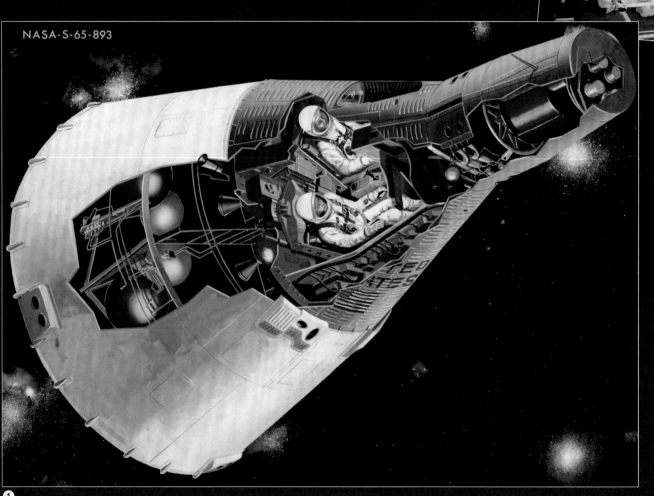

NASA-S-65-893

❶

① 双子星座号宇宙飞船的剖面图。右侧为交会雷达和降落伞舱，然后是两名机组人员坐在弹射座椅上，他们身后是制动火箭舱，其左侧为适配器节，补给物资和系统都在里面。

② 1966 年，双子星座 9 号飞船正在准备发射。白色适配器节将航天器与助推火箭连接在一起，其中包含了空气、燃料、电力系统和环境系统。宇航员置身于黑色的指挥舱内，这也是飞船上重返地球的唯一部分。

③ 在轨的双子星座 7 号航天器的机鼻，这幅照片是由到访的双子星座 6 号飞船拍摄的。双子星座号飞船的机鼻上装有交会雷达应答器。红色的轮廓线显示的是两个宇航员舱口的位置。

双子星座计划始于 1961 年 12 月，并于 1964 年首次执行了双子星座号飞船的飞行任务。总共有 10 次载人飞行任务实现了所有既定目标，还有两次无人驾驶任务测试了双子星座号飞船及其助推火箭。双子星座计划的首次载人飞行任务持续时间很短，仅绕地球三周，只是简单地展示了双子星座飞船的载人功能。在宇宙飞船上，宇航员通过点燃推进器来实现每一次变轨。

双子星座 4 号、5 号和 7 号执行的都是长期任务；双子星座 4 号为 4 天；双子星座 5 号延长了一倍，持续 8 天；双子星座 7 号再次增加到 14 天。双子星座 7 号飞船上的宇航员说，在如此狭小的空间里生活两周是他们经历过的最艰难的事。他们用氢氧燃料电池来产生电能和饮用水。

交会和对接

双子星座计划当中，有 7 次任务演示过交会对接。双子星座 5 号用的是从飞船上发射出的小型自动分离舱。双子星座 6 号和 7 号飞船在为期两周的任务期间实现交会。而双子星座 8 号、10 号、11

号和 12 号飞船对接的都是阿金纳（Agena）无人火箭子级，分别进行发射；双子星座飞船积极进行机动飞行，以便与在轨的阿金纳对接，两者组件连接在一起。在双子星座 10 号和 11 号飞船上，阿金纳号的大型火箭发动机将宇航员送到了历史新高——1126 千米。双子星座 4 号、9 号、10 号、11 号和 12 号飞船任务都包括了太空行走。

此外，在执行双子星座飞行任务期间，宇航员还进行了 51 项研究实验，内容涉及人类生理学、环境测量、摄影、天文学、生物学、工程学和物理学

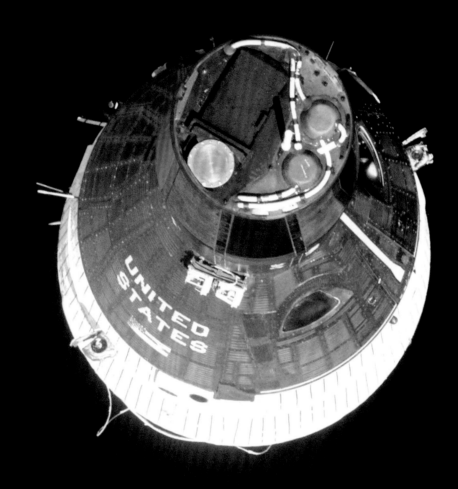

❸

❶

① 双子星座 7 号飞船的尾部适配器节。白色的适配器节内容纳了机动发动机、制动火箭、空气、燃料以及电力系统和环境系统。图中的金色部分是一种轻质的镀铝聚酯遮阳板。

② 双子星座 4 号飞船的机组人员埃德·怀特（Ed White，左）和詹姆斯·麦克迪维特（James McDivitt）在佛罗里达州肯尼迪角的泰坦号运载火箭上。图为 1965 年 6 月 3 日即将发射时的照片，他们会在太空中停留 4 天。

③ 当苏联人进行第一次太空行走时，NASA 官方开始着手重现这一壮举。1965 年 6 月 3 日，即列奥诺夫进行太空行走的两个月后，埃德·怀特离开了双子星座 4 号飞船的驾驶舱。怀特在舱外停留了 20 分钟，用推进枪进行机动。

③

第 4 章

早期空间站

19 世纪末，科学家、工程师和思想家开始构想空间站。按照他们的设计，空间站能够长期搭载宇航员，在太空中停留数月甚至数年之久。与其他航天器不同的是，空间站上没有配备可以重返地球或登陆其他星球的系统装置。纵观整个 20 世纪以及进入太空时代的头几年，在最早一批空间站于 20 世纪 70 年代进入轨道之前，无数种空间站概念被提出来，其中大部分都被设计为军用或民用观测平台，后来用途又有所扩展，将科学研究囊括在内。

（左图）1974 年，美国的第一座空间站——天空实验室——环绕地球运行。天空实验室是由运载力十分可观的土星 5 号月球火箭发射的。空间站主要模块比当时任何模块的尺寸都要大：直径 7 米、长 9 米、重达 75 000 千克。

（上图）图为天空实验室空间站上的首批机组人员：（从左至右）克尔温、康拉德和韦茨，他们也是首批太空维修人员，需要在发射事故后修理好电池阵列和隔热罩，使天空实验室变得宜居。

早期空间站

赫尔曼·奥伯特在《飞向星际空间的火箭》一书中最早创造了"空间站"一词。与其他众多早期的航天器思想家不同，奥伯特后来亲眼看到了自己的设想变成现实，导弹和火箭飞过天空，人类进入太空并在月球上行走，还看到了 20 世纪 70 年代的第一批空间站。在短短半个世纪的时间里，这堪称一场非凡的科技革命。

正如前文所述，赫尔曼·波托尼克用"赫尔曼·诺丁"的假名写作，在其著作《太空旅行问题》中进一步阐述了奥伯特的观点。奥伯特和波托尼克最早提出了环形或甜甜圈形空间站的概念，通过旋转的方式来产生人工重力。沃纳·冯·布劳恩后来将这一设想普及给了大众。1930 年，18 岁的冯·布劳恩写了一篇小说，内容正是关于奥伯特 / 波托尼克的环形空间站，他称之为"吕内塔"或"小卫星"，打算将其用于地球和大气状况观测。

尽管在第二次世界大战期间，冯·布劳恩将注意力转移到了为纳粹军队服务上，但在战后，当他为美国工作时，他的精力几乎立刻又放回"吕内塔"这一概念上。

实验性设计

前太空时代的大多数概念空间站都相当庞大，以至于必须在轨道上进行组装；冯·布劳恩描述了太空行走中的人在自由飘浮的情况下进行组装的情形。但直到 20 世纪 50 年代中期，还无人成功研制出全压力太空服。冯·布劳恩描述过一种"瓶状太空服"，是个带有硬壳、配备机械臂的微型航天器。

这些早期的概念空间站，有些是用金属圆筒制成的，有些是由可充气的橡胶和织物制成的，有些

⬡ 1959 年，伦敦的"理想家园"展览接洽了土星号火箭的制造商——道格拉斯飞机公司，特别要求他们设计出一座空间站，以便在展览上展出。

> 自从开天辟地以来，
> 人类就认为，被束缚于
> 地球上是身为凡人的
> 弱点和不足。
>
> ——赫尔曼·诺丁

由太阳能提供动力，有些利用的则是原子能。凡是进行这类设想的科学家都理解轨道飞行中的自由落体状态，预料到了宇航员会产生失重感，因此他们都认为，为了让人们正常地生活和工作，空间站内需要人为提供重力。他们让空间站通过旋转产生人工重力——按照牛顿第一运动定律的表述，运动中的物体会一直沿直线运动，在空间站这样的环形结构中可以产生离心力。空间站内部的人往往会继续运动，但弯曲的地板会防止人飞走。

技术挑战

在 1951 年的国际宇航联合会大会上，德国航空工程师海因茨 – 赫尔曼·科尔（Heinz-Hermann Koelle）讲述了开发空间站面临的难题。他的陈述既涉及技术问题，例如零重力下的组装工作，也涉及获得国内及国际社会的长期支持和资金筹措等政治问题。但这些难题并没有阻挡全球科学家的脚步。到 20 世纪 50 年代末，苏联工程师科罗廖夫表示，在执行长距离星际任务之前，需要先建立绕地轨道空间站，为开展系统测试提供基地。其中有一个设计概念的体积足够小，即 SKB 空间站，可以通过洲际弹道导弹发射。在 20 世纪 60 年代的苏联太空计划中，有一部分是 1960 年设计一座规模更大

SKYLAB SHROUD SEPARATION

⬤ 1973 年 5 月 14 日，无人驾驶的天空实验室 1 号 / 土星 5 号宇宙飞船从肯尼迪航天中心发射升空，将天空实验室空间站送入地球轨道。

◗ 在天空实验室空间站发射大约一分钟后，一个隔热罩从天空实验室主体结构上脱落，进而又拽掉了一块太阳能电池，并且卡住了第二个太阳能电池阵列。

的军事空间站，足以容纳 3~5 人。最开始只有单一模块，以后的版本中可包含两个及以上模块。到 1963 年，他们又开始设计一座更为庞大的空间站。多个苏联空间站计划并行开展，由不同的团队设计，但实际上并没有哪个模块进行过实际发射。设计年代较晚、体积较大的苏联空间站需要由一枚相当于美国土星 5 号大小的火箭来发射，这种火箭名为 N–1。最初需要用到 N–1 火箭的是大型空间站模块，后来又计划将其用于登月计划。

从展览到设计

在英国，广受欢迎的报纸《每日邮报》每年都会赞助在伦敦举行的"理想家园"展览，展示家居装饰和设计的新理念。然而，1960 年的展览主题是"太空之家"，在一架土星号火箭的第二子级内建造了一个空间站模型。十年后，这次展览上的诸多设计理念都被实际应用到了天空实验室轨道空间站上。

展览手册对此次展品进行了如下描述：

……有史以来第一次，观众可以看到未来宇宙飞船的全尺寸复制品。包括 4 名宇航员在内的机组成员搭乘鼻锥形飞船升空，并乘坐同一艘飞船重返

地球。太阳能电池提供了 5 千瓦功率的电力。大气由氧气和氮气加压，模拟 3000 米的高度。宇航员呼出的二氧化碳被吸收到特殊的容器中。飞船内没有"地板"或"天花板"。宇航员们在任何一个位置都可以轻松地工作。其中一名宇航员正穿着太空服在飞船外使用望远镜观测，在失重状态下，他使用了"束带"来防止"漂移"。

宇航员们被固定在特殊的座椅上返回地球。一台小型火箭发动机点火，以便降低他们乘坐的鼻锥形飞船的速度。他们下降到上层大气中，受到地球引力的牵引。他们减速，大降落伞打开，太空舱飘浮着降落到地面。

展览结束后，NASA 确定了空间站的需求，并于 1962 年签订了一份研究备选设计方案的合同。该项研究就从"理想家园"展上的空间站开始。

该设计使用了土星号火箭上层子级的空壳体，该子级内的大部分空间用于携带氧气和氢气推进剂，有效载荷为对接适配器、气闸和离心机。宇航员可以乘坐双子星座号二人宇宙飞船或阿波罗号三人宇宙飞船升空，进入空间站。充足的补给足以支持 4 名宇航员生活 100 天。在返回地球之前，火箭子级内的离心机会为宇航员提供部分重力，让他们

重新适应地球环境。

宇航员们到达后，要尽可能清空剩余的氢气。他们会打开对接适配器 / 气闸的舱门，穿着太空服，进入此时已经基本腾空的上层子级内。在任务的前期阶段，宇航员们的工作主要是将内部清理干净。火箭子级提供了巨大的开放式增压容积，不过清理后勤工作以及随后空壳的运送和装备将会占用宇航员们大量的时间。

这项研究前后经过了四年的修改。按照新的设想，阿波罗号飞船会携带补给，而与阿波罗号一并发射的任务舱会配备生活区和实验室。有效载荷包括用于绘制地球详细地图的侧视雷达和一台大型天文望远镜，还可以添加具有诸如材料科学或生命科学等专门功能的附加模块。宇航员们可在此停留 6 个月至 1 年。

当时的打算是要建立若干座空间站。前期的空间站置于近地轨道上，而后期的空间站则由更庞大的土星 5 号火箭发射到高地球轨道或月球上，以便对月面进行绘制。更新的一代还可以被送入飞越火星的轨道。这些想法都被重视起来，到 20 世纪 60 年代末，为空间站开发具备再生能力的生命保障系统原型获得了技术资金。人类开始看到在太空中生活和工作的现实可能性。

太空军人

1945 年 11 月，第二次世界大战结束后，美国陆军航空队司令亨利·"哈普"·阿诺德（Henry H. "Hap" Arnold）将军预测，"在可预见的未来"，人类将会发射"真正的宇宙飞船，能在地球大气层以外飞行"。"冷战"开始后，美国各军种为了夺得导弹控制权和进入太空权而争斗不休。美国陆军负责射程小于 322 千米的军事导弹，因其是一种火炮；美国空军拥有洲际弹道导弹，作为战略飞机的补充；在海上发射的导弹则归美国海军。

20 世纪 50 年代，曾存在过多个"太空军人"项目。沃纳·冯·布劳恩领导下的美国陆军项目正在研究空间站和月球基地，以便储存、发射和控制核武器。美国空军拥有可以把人送入太空的火箭飞机。X-15 于 1959 年投入飞行，飞行高度有望超过 80 千米，从而进入太空。X-20 将由一枚导弹送入轨道，并进入大气层进行侦察，它还必须解决超出 X-15 速度或高度以外的飞行器面临的技术问题。"人类最早进入太空计划"研究了是否可以使用带有钝型凸面隔热罩的鼻锥形航天器，抢在苏联人之前将人类送入太空。美国空军保留了太空军事计划的有关职责，他们辩称，天空与太空是不可分割的整体。但随着对空间站的兴趣逐渐浓厚，美国空军创立了载人轨道实验室（MOL，Manned Orbiting Laboratory）计划。MOL 的设计目的是将宇航员送入轨道，并逗留 30 天，以显示军人在太空中的价值。

⊙ X-20 戴纳 – 索尔（Dyna-Soar）空气动力模型正在兰利研究中心的全尺寸风洞中进行测试。"戴纳 – 索尔"这个名字是"动力翱翔"（Dynamic Soaring）的简称。

⊙⊙ 从 1956 年起，X-20 戴纳 – 索尔便开始作为"载人滑翔火箭研究系统"（Manned Glider Rocket Research System）进行研究。正是这一个与"载人弹道火箭研究系统"并行启动的项目直接引出了 NASA 的水星计划。

⊙ 图为一位艺术家于 1961 年构思的作品，一架戴纳 – 索尔飞行器搭载在一架空军大力神 2 号运载火箭上升空。戴纳 – 索尔飞行器将由大力神 1 号或 2 号火箭发射进入亚轨道，并由大力神 3 号火箭送入轨道飞行。

○ 虽然 X–20 计划在 1964 年被取消，但随后出现了几种具有类似设计特点的飞行器，也就是所谓的"升力体"。X–24b 是其中的最后一架，共飞行 36 次，其中包括 24 次火箭动力飞行，飞行高度达 23 千米。

○ X–15 是最成功的火箭动力研究飞机，达到了创纪录的高度和速度，并测试了大量用于载人航天器的系统。

早期空间站概念

1958 年 10 月 NASA 成立后，国会要求 NASA 明确出台美国民用载人航天计划。艾森豪威尔政府一直反对在确定具体目标之前就着手实施新的大型载人航天计划。然而，NASA 的管理人员在向参议院航空及空间科学委员会提交证词时，描述了美国太空计划的长期目标，其中包括建立一座多人永久轨道空间站。

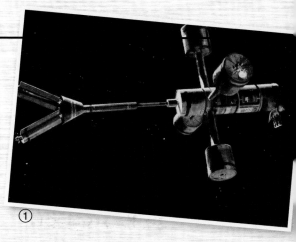
①

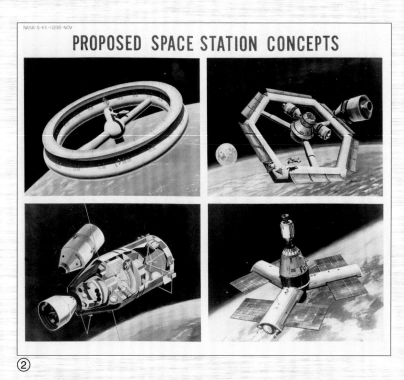
②

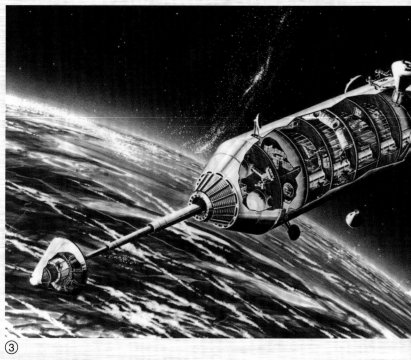
③

1959 年，NASA 载人航天研究指导委员会得出结论：单人水星计划的后续计划应当包括一架双人航天器。对于超过 3 天的任务，他们建议在双人航天器上添加一个圆柱形模块。他们的结论是，作为水星计划的后续，地球轨道空间站比登月计划更合理。然而，他们担忧的是，任何一个太空计划都需要清晰、明确的目标，以便激励决策者、业界和公众。委员会表示，登月计划有更明确的目标，空间站则没有。

此后，1959 年 7 月，NASA 在兰利研究中心召开了一次会议，以便更好地确定空间站要实现的目标，以及空间站可以解决哪些问题。会议明确的首要目标是研究人类长期处于太空环境时产生的生理和心理反应，以及更好地了解人类在长期任务中的

能力和作用；未来空间站的第二个目标是研究用于长期飞行的航天器应采用的材料、结构和系统构造，尤其是通信、轨道控制和交会等特殊系统；第三个目标则是对天文和陆地观测技术加以评估，并更好地了解人类具备的能力如何在航天方面得到最充分的利用。

基于阿波罗号飞船的空间实验室

1961 年，当尤里·加加林搭乘东方号飞船、艾伦·谢泼德搭乘水星号飞船进行首次人类太空飞行时，NASA 便制订了以阿波罗号飞船为基础的空间实验室计划。该实验室可以支持与载人航天器设计和科学观测相关的实验，包括监测太阳、测试人类在航天器外工作的能力以及微流星体的影响。

兰德公司是美国军方的智囊团，由美国空军成立于 1948 年，旨在帮助研究和分析公共政策问题。1960 年 4 月，兰德公司和 NASA 共同举办了一次研讨会，讨论空间站的规划和可行性。虽然兰德公司和其他集团特别注重空间站的构想和任务，但 NASA 内部正在开展额外的工作，以确定所需轨道操作的类型，并制订开发所需设施的计划。1961 年 5 月，NASA 总部就轨道操作计划发表了一份报告，内容包括对太空环境的研究、调查任务对地面支持依赖性与机组人员独立性的操作要求、地面跟踪和通信网络、轨道基地的后勤保障以及空间站在没有宇航员入驻时该如何运作。

在 1961 年 5 月及肯尼迪做出登月决定之前，NASA 计划的发展方向尚未确定。NASA 的首要任

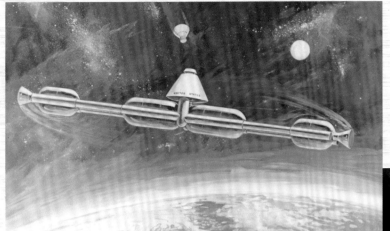

④

空间站是太空中的一个基地。
该基地是电力、容量、后勤、实验设备、
通信和数据缩减的中心。

——罗伯特·吉尔鲁斯

⑤

① 20 世纪 60 年代末，NASA 对能容纳 50 到 100 人的大型地球轨道基地产生了兴趣。NASA 提出，一部分基地会通过旋转来产生人工重力。独立于太空栖息地的核能装置可以为其提供取之不尽的电力。

② 按照最初的设想，空间站会通过旋转为宇航员提供人工重力。在 20 世纪 50、60 年代提出的这些概念中，只有左下角那个设想的是宇航员在失重状态下生活。

③ NASA 于 1966 年提出的核动力空间站构想，其中有 25 名机组人员，可用于在太空中制造新材料。这座空间

站也可在飞往月球和其他行星的任务中充当中转站和出发地，它由两枚土星 5 号火箭发射升空。

④ 1963 年，格鲁曼公司提出一个空间站构想，该空间站直径为 7 米，模块尺寸为 12 米，由 100 米长的通道连接。整座空间站将借助旋转产生人工重力。双子星座号宇宙飞船会搭载宇航员往返空间站。

⑤ 1962 年，NASA 的欧文·梅纳德（Owen Maynard）和威尔·陶布（Will Taub）为这个空间站概念申请了专利。它由若干模块组成，在轨道上连接到一起。

务既有可能是登月，也可能是建造空间站。阿波罗计划部门的成立是为了设计和制造一艘能搭载 3 个人的阿波罗号飞船，但谁也没有完全确定这艘飞船将有何种用途。

一些人建议分阶段来实现空间站的建造工作。在初始阶段，重心将放在空间站的设计、制造和初始轨道操作上。在这一阶段，工程师们会研究关于维持和操作空间站的基本要素：宇航员如何轮岗、空间站补给的后勤保障以及空间站模块的增加和更换。第二阶段的重点则在于技术和操作示范：充气模块和结构、如何营造人工重力条件、如何旋转整个复合体以保持陀螺的稳定性。针对旋转航天器，

有必要对结构和动力稳定性、材料和装配技术、生命维持、热控制和发电系统进行更多研究。也可以开发新的后勤和再补给航天器，包括带翼飞回式滑翔机，并探索其用途。

完善概念

关于空间站应采用什么外观以及如何使用，曾经有过热烈的讨论和争论。截至 1962 年，当首批水星号飞船上的宇航员绕地球飞行时，人们正在研究空间站的潜在用途和可以在空间站上开展的实验。NASA 当时已经认定，空间站在技术上是可行的，但希望证明进行该项目的必要性。有人提出了这样

的问题：若要满足这些科学和技术目标，空间站是不是唯一的解决之道？或是这些目标通过其他航天器也可以实现，比如已在研制中的水星号飞船、双子星座号飞船和阿波罗号飞船？总体来说，NASA 总部表示，制定的最终目标必须对载人行星任务有所助益。如果这种需要确实合理的话，那么空间站或许在 5 年之内便可进入轨道。

有诸多研究希望明确空间站的设计方案和特性，以便当局就下一步如何推进做出决定。某些空间站仅仅是基于开发中的火箭上层子级建造而成的，而另一些空间站则增加了若干组件，例如充气臂或额外的模块，以便建造出旋转式空间站。

载人轨道实验室

1946 年，兰德公司建议美国考虑将外层空间作为军事侦察的有利位置。美国空军已经在使用高空侦察机，但随着苏联防空力量的增强，有 20 多架美国飞机被击落，其中大部分机组人员遇难。1956 年，也是首颗卫星发射的前一年，艾森豪威尔总统批准了一项侦察卫星计划，该计划的军事代号是"科罗娜"，公开名称则是更具科学气质的"探险者"。经过 13 次失败的尝试，在 1960 年的第 14 次尝试中，科罗娜号从太空带回了第一件人造物体：一个装有侦察相机曝光胶片的圆筒。最终事实证明，科罗娜号的表现足够可靠，后来的几代科罗娜号变得非常复杂，能力也更强大。然而，早期的无人侦察卫星并不总是那么可靠。云层经常会遮蔽地面目标，当时的系统还不够精密，无法根据预先编写的程序指令对目标变化做出反应，也无法修复技术故障。

载人轨道实验室（MOL）是一座军事空间站，使用的是 NASA 开发的双子星座号航天器。军事人员会被送入轨道开展军事实验。他们要手动收集战略侦察信息，克服无人卫星的局限。人们认为，相比当时已投入使用的无人系统，手动操作系统可以传回分辨率更高的照片。MOL 上的宇航员可以将精力集中于危机区域，并靠眼睛和大脑识别地面活动。美国空军提供了航天器和机组人员，而国家侦察办公室则提供相机和支持系统。

MOL 项目于 1963 年公开宣布，计划要将宇航员送入轨道停留 30 天之久。当时持续最久的太空飞行是为期 5 天的东方号任务，美国则仅有 34 小时。有人批评该计划是在与 NASA 的项目竞争，且预算不足，计划一再推迟。随着侦察卫星自动化系统的改进，也有人认为系统的表现会比人类更出色。一架 MOL 无人原型机发射升空，进行了试验，并测试了改装后的双子星座号指挥舱的返回情况。双子星座号的隔热罩上有一道舱门开

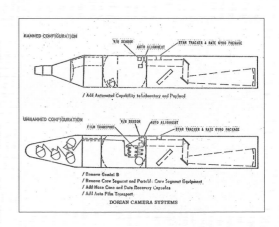

DORIAN CAMERA SYSTEMS

○ MOL 是在比较了人工操作系统和无人操作系统的侦察效果后选定的。无人操作系统用返回舱来带回胶片。人工操作系统则可以依靠轨道上的宇航员来查看和识别关键特征。

○ 一艘经过改装的双子星座号飞船，用来运送返回地球的宇航员。双子星座号飞船在后隔热罩上有个舱口，以便宇航员从圆柱形的实验室进入。舱口在 1966 年 11 月 3 日进行了测试，证实了在飞行中可安全使用。

口，经测试证实，这道开口对于航天器和返航人员均不构成任何
技术问题。随着计划的期限延长，项目成本也随之增加；而与此
同时，该计划的预算遭到了削减。由于费用缩减，飞行次数和硬
件生产都减少了。1969 年 6 月，尼克松总统取消了 MOL 项目，
不过有一部分实验和测试硬件被转移到了 NASA 的天空实验室
项目。

◎◎ 在宣传中，MOL 要执行
的原本是为期 30 天的任务，
但后来的信息显示，任务持
续时间长达 90 天。在早期
的设计中，动力是由燃料电
池提供的。

◎ 后来的 MOL 版本由太阳能
电池供电，有用于居住、工
作、锻炼的隔间，也有用来
放置离心机、望远镜和相机
的隔间。

基于水星号的空间站

1960 年，水星号飞船正在进行测试，以便为首次载人发射做准备。水星号飞船的主承包商麦克唐纳飞行器公司提议建造一座单人空间站。在水星号执行的常规任务当中，飞船均由阿特拉斯洲际弹道导弹发射。但在空间站任务中，水星号飞船改由阿特拉斯与 RM-81 阿金纳火箭的上层子级一并发射。阿金纳号火箭会与水星号保持连接，作为服务模块起到推进作用。该实验室长 3.3 米、直径 2 米，由自带的阿特拉斯 – 阿金纳火箭发射。水星 – 阿金纳号会进行积极的机动飞行，然后与实验室对接。

水星号飞船非常小，平常执行任务的期限一般不超过一天，但空间站为宇航员提供了略为充裕的空间，并将任务期限延长到 14 天。空间站内部体积仅 8 立方米。开放式的生活空间占据了空间站内部一半的容积，另一

△ 阿金纳号作为上层子级和一台自动"巴士"，被用于在轨道上操纵无人有效载荷。它由不同的第一子级送入太空。图为发射台上的一架阿特拉斯火箭正推送着阿金纳号升空。

△ 早期的水星号原型舱是由 NASA 在弗吉尼亚州兰利研究中心的工作人员制造出来的。一旦确定了设计方案，具体的制造工作就交由麦克唐纳飞行器公司来进行。

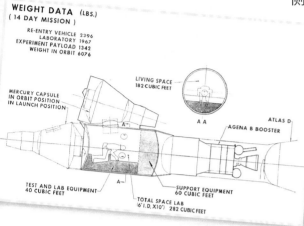

半容纳的则是有效载荷和支持系统。宇航员可以脱下加压服，穿着衬衫工作。

当时考虑过两种不同的改型。一种是采用充气式隧道，将水星号的侧舱门与空间站柱体上的舱门连接在一起；另一种方案则是用铰链将水星号连在空间站上，令其回摆，使其舱门与空间站柱体上的舱门对齐。在空间站的一端，一个系统模块会提供生命支持、通信和电力系统。燃料电池可提供 1500 瓦电力，并增加了可用于饮用、清洁和冷却的供水，衣物及食物储备可在轨道上维持两周时间。麦克唐纳公司建议，可以采用一系列单人水星号空间站专门执行天文研究、地球观测或通信方面的任务。大约有 1 立方米的容积专门留给实验或研究相关的有效载荷，还分配了 13 千克的重量配额，供实验结果运回地面。

○ 首先通过阿特拉斯 – 阿金纳号发射单人空间站，接着由第二艘阿特拉斯 – 阿金纳号发射搭载着宇航员的水星号。二者交会，并连接到一起，以便执行任务。

○ 轨道上的水星号单人太空站。空间站的长度为 3 米，直径为 2 米（不包括水星号飞船）。空间站将由太阳能电池阵列来提供能源。

克拉夫特·伊瑞克的概念

克拉夫特·伊瑞克（Krafft Ehricke）与沃纳·冯·布劳恩一道从德国赴美。最初，他在新墨西哥州白沙和亚拉巴马州亨茨维尔的德国工程师们一起工作，但1954年，他进入了通用动力公司的空中运输及航天部门工作，当时该部门正在研发美国的阿特拉斯洲际弹道导弹。伊瑞克在阿特拉斯洲际弹道导弹的总设计师卡雷尔·博萨特（Karel Bossart）手下工作。博萨特设计的阿特拉斯独一无二，因为这枚导弹本质上就是个不锈钢气球，以薄薄的金属材料制成，燃料装在其中，通过充气加压来维持金属形状不变，如果由于某种原因失压，导弹就会随之瓦解。博萨特让伊瑞克以阿特拉斯为基础来完善太空项目的概念，包括由阿特拉斯火箭贮箱改装而成的空间站构想。

1954年，伊瑞克描述了一座小型四人空间站。其他一些前太空时代的空间站（如冯·布劳恩构想的那种）规模庞大，工作人员多达50~100人。伊瑞克认为，空间站越大，所需的后勤、维护物资和提升高度所消耗的燃料就越多，因此空间站不应该太大。伊瑞克还表示，在不同轨道上运行的多个空间站可以实现范围更广的研究。

⬥ 克拉夫特·伊瑞克在第二次世界大战后移民到美国。他一开始为阿特拉斯项目工作，并提出了可将阿特拉斯不仅仅用作洲际弹道导弹和卫星运载火箭的想法。

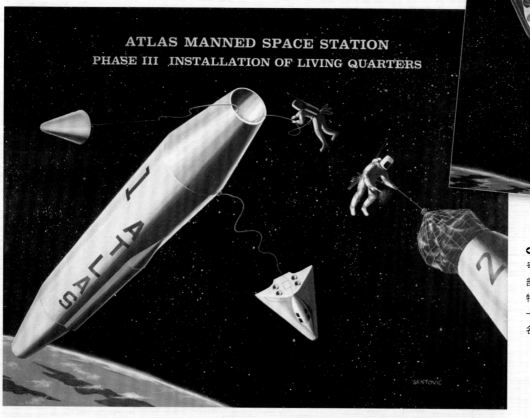

ATLAS MANNED SPACE STATION
PHASE III INSTALLATION OF LIVING QUARTERS

ATLAS MANNED SPACE STATION
PHASE IV INSTALLATION OF NUCLEAR POWER PLANT

⬦ 通过发射一系列阿特拉斯号，组装空间站所需的所有部件将被统统送入轨道。阿特拉斯号的燃料箱内会增加一个生活区，充气后可供4名宇航员使用。

⬦ 一台核能发电机会为阿特拉斯号载人空间站供电。为了维系空间站的运行，三角形的可飞回航天器将搭载着2名宇航员，往返于地球和轨道之间。

○ 阿特拉斯号有一层薄薄的不锈钢外壳，没有内部支撑结构，通过对内部加压来保持其刚性。一旦失去压力，火箭在地面上就会坍塌。

○ 伊瑞克正在展示空间站生活区的内部情况。阿特拉斯号的机鼻可容纳卫生设施、厨房、睡眠区和一处实验室。

　　1958 年，伊瑞克以阿特拉斯号为基础，进一步完善了空间站的概念。这一概念还要求航天器一次性搭载 4 名宇航员，外加补给飞船。宇航员生活区位于阿特拉斯号前端的一个充气单元内，分为 4 层。阿特拉斯号的壳体首先发射，接着是运载后勤物资的货运飞船，然后是宇航员，他们会整合后勤物资，使空间站进入运行状态。补充的后勤运载航天器会带来更多补给，而最后一架货运航天器会载着核动力供应物资抵达设计。在后来的版本中，运载宇航员的航天器采用了小型菱形升力体，可以滑回跑道着陆。这一概念空间站被命名为"前哨 2 号"（Outpost II）。

○ 伊瑞克提出了一系列基于阿特拉斯号的空间站设计，其中一些设计需要将轨道上若干个已经使用过的阿特拉斯火箭子级连接到一起。

地平线项目

  "地平线"项目（Project Horizon）是由沃纳·冯·布劳恩手下的规划师们发起的，当时他还在为美国陆军工作，不过这项研究是在他的陆军弹道导弹小组被移交给 NASA 之后才完成的。该项目提议，在月球上建立一个载人军事情报观测站。除了月球基地之外，这项研究还确定了其他所需系统，如往返于地球轨道与月球之间的载人飞行器。冯·布劳恩还建议，利用土星号火箭留在轨道上的空子级来构建一座在轨的"太空船坞"。宇航员会把这些子级内的燃料全部清空并清理干净，然后将其改造为生活区。两到三个空间站可以被置于地球赤道轨道上，以便为最初的月球基地提供后勤保障。随着 20 世纪 60 年代后期月球基地的建设持续进行，还可以再增加几座空间站。这些空间站可以为飞往月球的运输机进行加固、装配、筹划补给，并提供再补给燃料。每座轨道基地大致可容纳 10 人，每隔几个月，他们可以在地表与轨道之间进行一次轮岗，由可载 3 人的航天飞机运送。人们认为，到月球上去的人在月球上停留的时间会比只去轨道空间站的人要长。

  该计划要求，到 1965 年为止，应有 12 人在月球上生活和工作。此后，基地的进一步建设还将持续数年。地平线项目开始时，人们已经开始研制土星 1 号、土星 1B 号火箭以及土星 5 号月球火箭的一些组成部件。

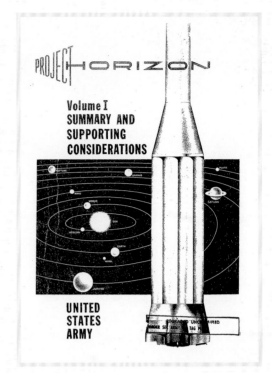

⬥ 地平线计划报告的封面展示的是土星 1 号火箭，它将被用于开发地球轨道上的第一座空间站和月球上的一座军事基地。

⬥ 地平线号地球轨道空间站将使用土星 1 号火箭的上层子级进行组装，后被称为"湿车间"概念。

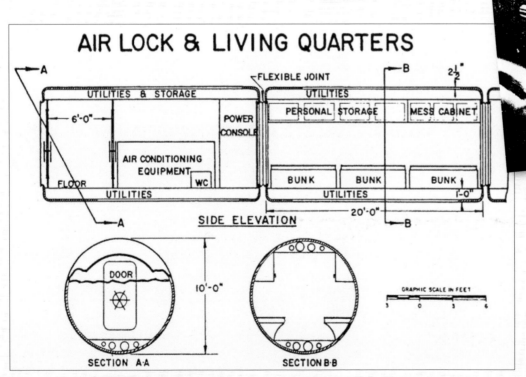

⬥ 按照"湿车间"概念，宇航员居住在使用过的土星 1 号火箭上层子级中（子级已空）。地平线号空间站会作为试验台，检验宇航员在月球上将要依赖的关键环境控制设备。

⊙ 地平线计划还提议，将土星号火箭的废弃子级用作月球上的生活区。这些子级会埋在月壤下，以保护宇航员免受辐射。

⊙⊙ 地平线计划中首创的若干概念已被关于月球基地的其他研究所采用。这个充气式基地的概念可以追溯到 1989 年的太空探索计划。

然而，此时是在肯尼迪做出登月决定之前的一到两年，而土星 5 号的设计要等到 1962 年才能最终完成。工程师们会采用"更小型"的土星 1 号火箭来开发月球基地，当时该火箭正在红石兵工厂进行开发。即便"更小型"，这些火箭也仍然比美国或苏联此前开发过的任何一种都更为庞大，也更具威力。若要实现地平线计划，至少需要用 140 枚土星火箭来发射项目所需的各种部件。

载人轨道研究实验室（MORL）

1962 年，道格拉斯飞机公司开始研究以泰坦 2 号或阿特拉斯号火箭为基础的空间站，并利用双子星座号飞船来搭载宇航员。他们的目标是要在 1965 年之前建成一座可投入使用的空间站。早期空间站模块采用的是带燃料的"湿式"发射方式，显然必须用燃料来推动火箭子级和有效载荷进入轨道。一旦进入轨道，燃料将所剩无几，所以宇航员需要清空剩余的燃料，并对内部进行清理，以便在里面居住。这种方式采用了复杂的对接和人员转移系统，要求宇航员通过太空行走，从他们乘坐的双子星座号飞船转移到空间站上。

NASA 随后采纳了这项研究，并签署了合同，拓展了早期的设想。在研究的后期阶段，则改由土星 1B 火箭发射一个"干燥"的空间站模块，该模块已经准备就绪，宇航员可以直接入驻。空间站上装配了气闸、对接适配器和离心机，以便帮助宇航员在返回地球前重新适应地面环境。宇航员会乘坐阿波罗号飞船升空，飞船上还另外搭载了为特定功能设计的任务模块。用于推进、科学实验、通信和补给的模块都已确定下来。几家承包商为每项功能提供了硬件要求。

该研究项目的最后阶段还考察了空间站将开展的各种太空研究。斯坦福大学对海洋学、制图学和摄影测量学的研究进行了统筹。还有一架大型天文望远镜，与庞大的哈勃太空望远镜尺寸相同，由另一枚土星 1B 号火箭单独发射，并与空间站对接，供宇航员操作。宇航员通过舱外活动，从望远镜的照相机中取回胶片。

◔ MORL 将由土星 1B 号火箭发射。其中的 6 名宇航员将搭乘双子星座号飞船（如图）或阿波罗号飞船往返空间站。

◑ 1963 年的 MORL 示意图。机组人员将乘坐双子星座号飞船（如图）或阿波罗号飞船往返空间站；每名宇航员会尝试在轨道上驻留一年。

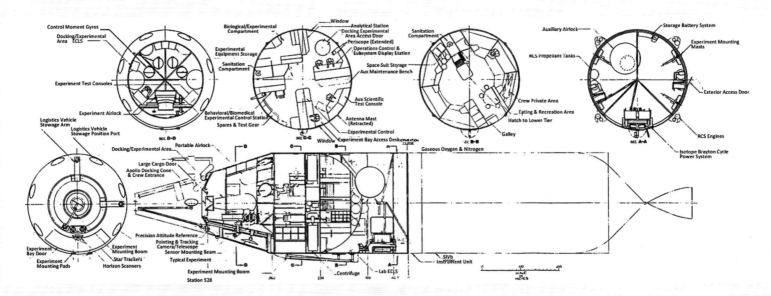

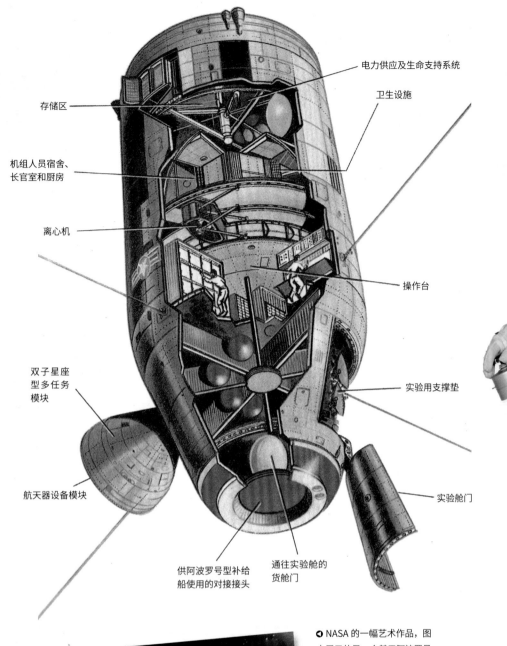

电力供应及生命支持系统

存储区

卫生设施

机组人员宿舍、
长官室和厨房

离心机

操作台

双子星座
型多任务
模块

实验用支撑垫

实验舱门

航天器设备模块

供阿波罗号型补给
船使用的对接接头

通往实验舱的
货舱门

◐ MORL 是土星"湿车间"的一个版本，在这里，土星 1 号的上层将带着燃料发射，然后宇航员会为了居住而清洁它。

◐ 从 MORL 的研究中，美国空军对空间站和空间站实验产生了兴趣，就像这里看到的宇航员操纵装置。

◐ NASA 的一幅艺术作品，图中展示的是一个基于阿波罗号飞船的 MORL 版本。3 名机组人员将乘坐阿波罗号飞船往返 MORL。人们对 MORL 上进行的各种实验非常关注。

　　1965 年，载人轨道研究实验室模块曾被计划用于执行一次飞越火星的载人任务。该火星任务的任务舱会是独一无二的，预计共有 6~8 名宇航员参与此次任务，一枚先进的加长版土星 5 号火箭将火星任务所使用的航天器发射升空。在 20 世纪六七十年代后期，阿波罗应用计划（Apollo Applications）和天空实验室空间站项目都运用了 MORL 的诸多概念。

阿尔马兹空间站与运输补给飞船

1963 年，美国 MOL 项目开始时，苏联领导人赫鲁晓夫想要密切监视美国核动力航空母舰的动向。有人提议使用一座名为"阿尔马兹"（Almaz，意为"金刚石"）的小型空间站来开展这项工作。阿尔马兹与美国 MOL 一样，计划用于侦察和雷达成像。阿尔马兹也具有拦截功能并装配了一门大炮。质子号火箭将发射该空间站，比发射东方号飞船的洲际弹道导弹威力更强。每座阿尔马兹空间站的设计运行时间可达两年。最初，阿尔马兹计划配备载人轨道空间站（OPS，Orbital Piloted Station）和载人运输补给飞船（Transport Supply Ship，俄文缩写为 TKS），后者的外观与美国的阿波罗号飞船类似。和双子星座号一样，载人太空舱的隔热罩上也有一个舱口。然而，第一艘联盟号宇宙飞船于 1968 年升空后，TKS 的载人太空舱项目就被叫停了。联盟号和阿尔马兹分别是两家相互竞争的设计局的产品。阿尔马兹本应在 1967 年就投入使用，但到了 1970 年，两艘航天器仍在建造中，还需再过数年才能投入飞行。

1969 年，美国赢得了月球竞赛的胜利。同年夏天，美国又宣布将于 1973 年将美国第一座空间站——天空实验室送入轨道。作为回应，苏联的目标是在美国天空实验室升空之前发射空间站。他们制订了一项

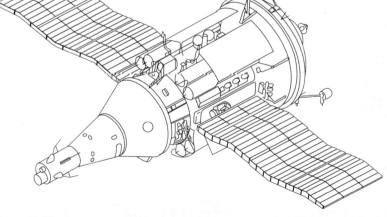

◔ 俄罗斯技术人员正在组装一个阿尔马兹模块。阿尔马兹和 DOS 的开发始于 20 世纪 50 年代末，计划用于空间站和飞越行星。

◔ TKS 载人运输补给飞船，最初计划与俄罗斯空间站一起使用。宇航员会置身于锥形太空舱内。

◔ 早期礼炮号空间站上的调度站。到 2000 年国际空间站的服务模块投入飞行时，每座礼炮号空间站上的系统都已升级，并完全实现了电脑化操作。

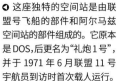

这座独特的空间站是由联盟号飞船的部件和阿尔马兹空间站的部件组成的。它原本是 DOS，后更名为"礼炮 1 号"，并于 1971 年 6 月联盟 11 号宇航员到访时首次载人运行。

图为空间站迎来的第一批宇航员，即（从前至后）格奥尔基·多勃罗沃斯基（Georgy Dobrovolsky）、弗拉季斯拉夫·沃尔科夫（Vladislav Volkov）和维克多·帕查耶夫（Viktor Patsayev）。他们乘坐联盟 11 号飞船升空，并在礼炮 1 号空间站上停留了三个星期。然而，在返回地球的过程中，他们的联盟号飞船发生了空气泄漏事故，三人均死于窒息。

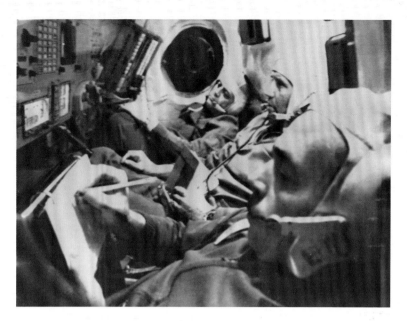

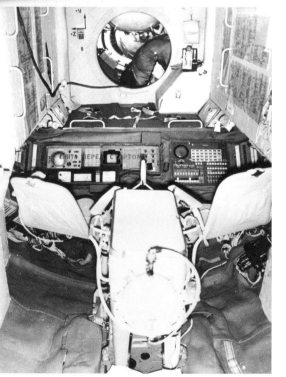

计划，要在一年内将联盟号的系统用在阿尔马兹军用空间站的框架上。新空间站会先在无人状态下绕轨道飞行，然后由联盟 11 号飞船将宇航员运往空间站。装有联盟号系统的阿尔马兹空间站被命名为"长期轨道空间站"（DOS，Long Duration Orbital Station），在轨道上被称为"礼炮 1 号"（Salyut 1）。

1971 年 4 月 19 日发射的礼炮 1 号和 6 月 7 日升空的机组人员在空间站上生活了 23 天。每天晚上，他们都要传送空间站内工作的图像并在全国播出。6 月 30 日，他们进入联盟号飞船，与空间站分离并准备返航。联盟号服务模块中的制动火箭正常点火，但在服务模块与返回舱分离时，有个气阀无意间打开了。宇航员们没有穿太空服。他们的鼓膜能感觉到空气在逸出，多半还能听到空气逸出的声音，但由于返回舱空间狭窄，他们够不到失灵的阀门。一名宇航员的位置靠近阀门，当时或许试图阻止空气流失，可惜未能成功。地面没有收到飞船发出的任何信号，但再入和降落伞着陆似乎都进展顺利。飞船毫发无损地正常着陆，但当舱门打开时，3 名宇航员已经死亡。人们试过进行心肺复苏，但未能成功，死因被确定为窒息。宇航员在空间站上的第一次停留就导致了他们的死亡，这也是唯一一次宇航员在太空中死亡。

此后，阿尔马兹的军事任务分别以"礼炮 3 号"和"礼炮 5 号"的名义执行。苏联共发射了 5 座阿尔马兹（OPS），为礼炮 6 号和 7 号提供再补给。后来，有若干改型用于和平号（Mir）空间站的量子 2 号（Quant II）、晶体号（Kristall）、光谱号（Spektr）和自然号（Priroda）等模块上，也用于国际空间站的功能性货舱。

礼炮号

阿波罗号飞船首次成功登月后，苏联开发了一座民用长期轨道空间站。民用长期轨道空间站和军用载人运输补给飞船／阿尔马兹分别属于相互竞争的设计局在 20 世纪 60 年代后期开发的产品。为了赶超美国天空实验室的计划日程，两局开始联手准备礼炮 1 号。

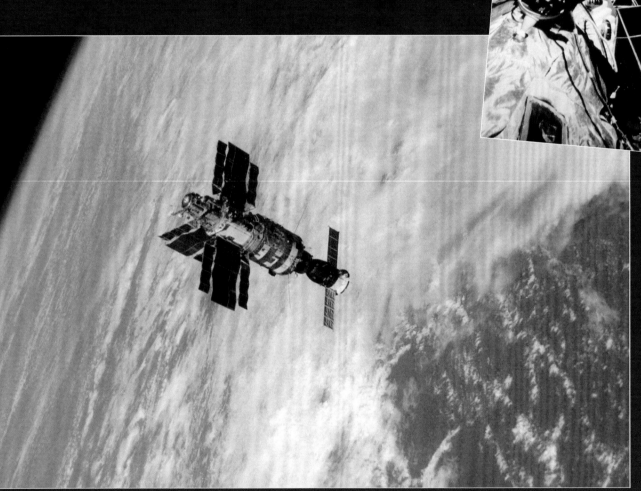

① 礼炮 7 号于 1982 年 4 月 19 日发射升空。这是第二代礼炮号空间站，两端均可搭载造访的飞船。图为联盟号停靠其上。

② 1984 年 7 月 25 日，在礼炮 7 号外，斯韦特兰娜·萨维茨卡娅（Svetlana Savitskaya）成为第一位进行太空行走的女性。本次舱外活动持续了 3 小时 35 分钟。

③ 1977 年 12 月，在礼炮号空间站内，格奥尔基·格雷奇科（Georgy Grechko）正在测试海鹰宇航服。这次测试是为了在礼炮号太空站外进行首次太空行走之前验证太空服的使用情况。

科罗廖夫于 1966 年逝世，瓦西里·米申（Vasily Mishin）接替了他在这家设计局的职位，负责研制斯普特尼克号人造卫星、东方号和联盟号。米申对名为"多用途轨道复合体"（Multirole Orbital Complex，俄语缩写为 MOK）的大型空间站很感兴趣。MOK 是以核能为动力的大直径空间站，可以参与各种科学和应用研究，包括天体物理学和地球资源测绘。该空间站还可用于军事。建设 MOK 的一个目标是整合地球到轨道的后勤运输，以便节省成本，用更少的投资取得更多收获。MOK 可适应多种用途。发射大型 MOK 空间站的一项关键要求是拥有与土星 5 号同级别的 N-1 火箭。

悲剧

1971 年，在礼炮 1 号空间站上停留 23 天之后，联盟 11 号飞船搭载的宇航员在返航时遇难——当联盟号飞船减压时，他们没有穿太空服。这起悲剧发生后，当局下发了紧急指示，要求完成索科尔（Sokol）轻质压力服的研发工作，并在联盟号内开始使用，然后抢在美国天空实验室之前，于 1973 年初将另一座 DOS 空间站送入轨道。DOS 空间站应排在阿尔马兹军事空间站之前。1972 年 7 月 29 日，第二座 DOS 空间站发射升空，但未能成功进入轨道。

DOS 空间站被视为 MOK 的先驱，因为 DOS 规模较小，具备的功能却与其相似。1974 年，在 N-1 火箭最后一次发射失败后，N-1 和 MOK 计划都被叫停。继礼炮 1 号之后，后期的 DOS 空间站进行了升级，装有先进的定位、导航和热控制系统，并配备了可指向的太阳能阵列。

后期的礼炮号模块被用作礼炮 6 号和礼炮 7 号以及和平号轨道空间站的核心模块，后来又被用作协同开发的国际空间站的服务模块（Service Module，DOS-8）。

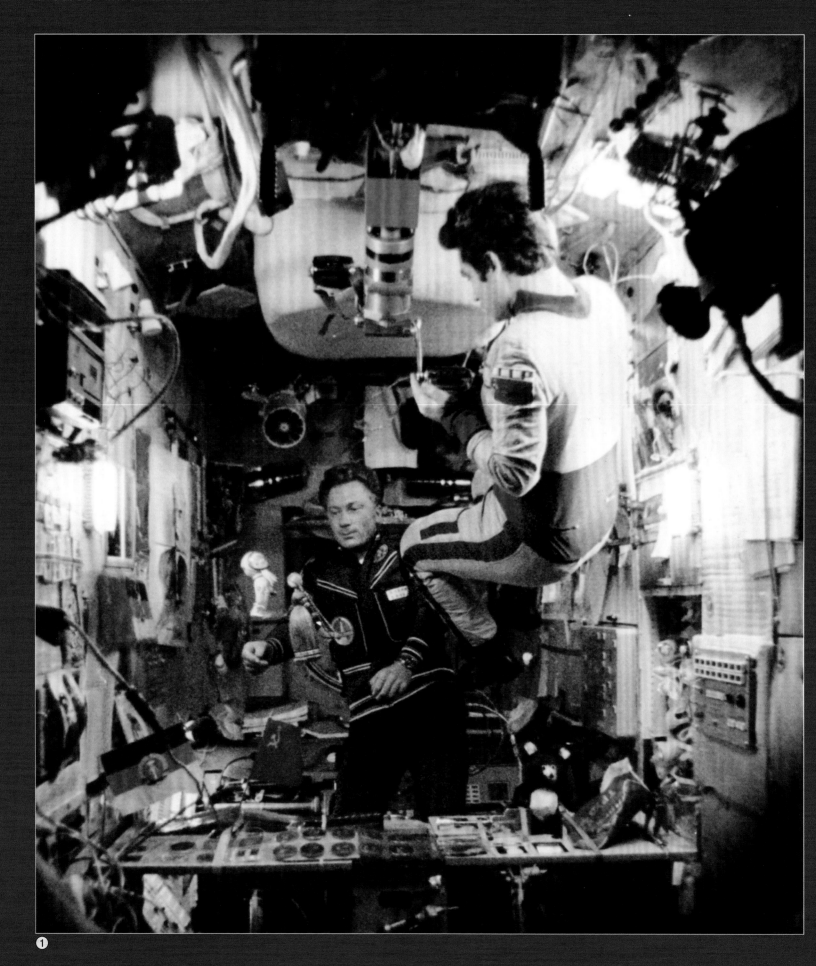

❶

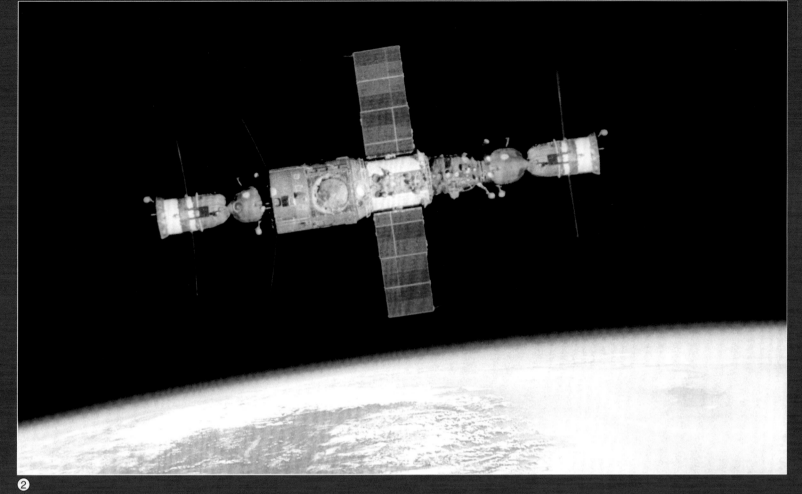

②

① 1978 年 8 月，在礼炮 6 号空间站的厨房餐桌上放置了苏联和东德两国的国旗，以庆祝首位德国公民西格蒙德·扬（Sigmund Jahn，左）的太空飞行。弗拉基米尔·科瓦约诺克（Vladimir Kovalyonok，右）和亚历山大·伊万琴科夫（Aleksandr Ivanchenkov）接待了来访的宇航员扬和瓦列里·拜科夫斯基一行。

② 在轨的礼炮 6 号空间站。这是苏联的第 4 座空间站，于 1977 年发射升空。这里先后接待过 5 批长期驻留和 11 批短期驻留的机组人员。这是第一座两端都有对接口的第二代空间站，图中，有两艘联盟号宇宙飞船对接于此。

③ 礼炮 6 号空间站上（从左至右）：在联盟号飞船交接期间，格奥尔基·格雷奇科、弗拉基米尔·扎尼别科夫（Vladimir Dzhanibekov）和奥列格·马卡罗夫（Oleg Makarov）。

③

天空实验室

在地平线项目的研究中，沃纳·冯·布劳恩概述了一项使用土星号火箭第二子级的计划，打算将其改造成地球轨道上的宇航员生活区。1960 年，在伦敦举办的"理想家园"展上，以同一火箭子级为基础打造了一个空间站的实物模型，这也成了天空实验室的模型。"天空实验室"是 NASA 于 1973 年送入轨道的首座空间站，是工程学和想象力的一次开创性壮举。

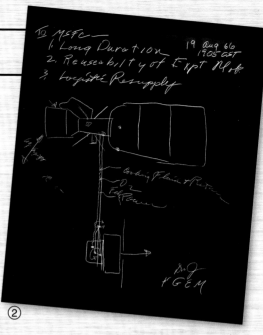
②

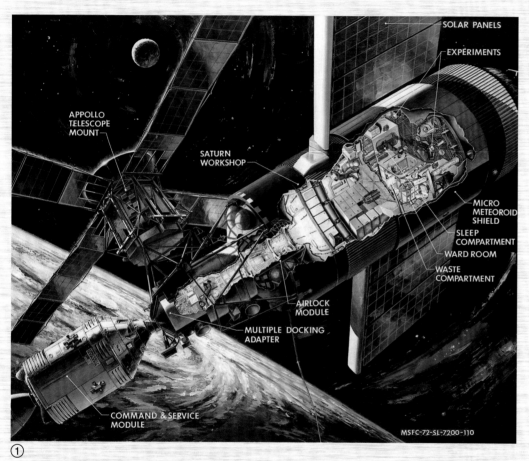
①

天空实验室被称为车间，但它确实是一座空间站，一座如假包换的空间站。很多人想对天空实验室进行扩展，但我认为这很可笑。我们设计这个项目是为了完成某些实验，既然我们实现了这个目的，那这个项目也就告一段落了。

——肯尼斯·"肯尼"·克莱因克内希特
（Kenneth "Kenny" Kleinknecht），NASA 项目经理

1966 年，NASA 开始研究将阿波罗号的硬件设施用于登月任务之后的项目。有一项提议是测试冯·布劳恩的想法，即把燃料耗尽后的火箭子级用作聚居地；宇航员将穿着太空服进入燃料耗尽的子级，首先评估子级内部的状况，然后进行清理，并部署各项设施，把火箭子级改造为生活区。这就是所谓的"湿车间"。

为了完善这一过程，NASA 载人航天项目的负责人乔治·穆勒（George Mueller）与冯·布劳恩一道，于 1968 年在马歇尔航天中心的水箱中模拟演练了太空行走。穆勒最终认定，仅仅依靠宇航员的个人能力来清理火箭子级，以推进整个太空计划，这种做法既艰难又危险。

几次登月任务被终止后，有一枚土星 5 号火箭被留下来用于轨道空间站车间项目。既然使用的是土星 5 号月球火箭，而非相对较小的土星号助推器，就意味着一架土星 5 号两级火箭会将第三级箭体发射升空，而在发射之前，第三子级已经被改造成了一座装备齐全的空间站。1969 年，该计划获得正式批准，并命名为"天空实验室"。

发射问题

NASA 资助了几支科学团队，他们开发了一套复杂的仪器设备，用来研究地球、太阳及宇航员处于失重状态下的影响。对于地球观测项目，航天器和地勤人员进行了对比分析，以验证作物和植物的生存条件，而航天器和天空实验室会在上方拍摄多光谱图像。

1973 年 5 月 14 日，天空实验室由土星 5 号火箭发射升空，这也是土星 5 号火箭的最后一次发射，其任务是将天空实验室空间站送入轨道。整个天空

③

④

⑤

① 1973 年和 1974 年进入轨道时的天空实验室剖面图。
② 使用废弃的火箭子级作为栖息地的想法至少可追溯到 20 世纪 50 年代初。这张早期的草图展示了如何利用空间站来执行为期较长的任务，尽管 NASA 谨慎地并未将其称为"空间站"。
③ 天空实验室的最后一批机组人员中，杰里·卡尔（Jerry Carr）用一根手指让比尔·波格（Bill Pogue）保持了平衡。卡尔和波格后来在国际空间站的设计中担任了主要顾问。
④ 天空实验室的第二批机组人员中，艾伦·比恩（Alan Bean）在这座轨道车间的内部试"飞"了一个以气体为动力的机动装置。
⑤ 在 1973 年 5 月 14 日的发射过程中，一个流星及隔热防护罩从天空实验室上脱落。图为两名女裁缝正在准备用于替换的防护罩，该防护罩在 5 月 25 日与首批宇航员一起发射升空。

实验室项目能否顺利进行，取决于这次发射是否成功。升空约一分钟后，火箭正在突破声速，且正经历大气最大湍流量，就在此时，遥测信号出现了错误，显示安装在空间站上的一个隔热流星防护罩和两块太阳能电池板都已部署完毕。这显然是反常信号，但在动力飞行期间无法采取任何措施。

火箭继续飞行，不断加速，高度持续上升。离开发射台 10 分钟后，火箭时速达到 28 000 千米，高度达到 430 千米，并将空间站送入轨道。在投送过程中，火箭第二子级为实现脱离，发射了若干小型制动火箭，结果其中一枚制动火箭击中了空间站

一个已经部分部署完毕的太阳能电池阵列，把它炸飞了。此时还需进行若干项部署，一架大型望远镜应旋转 90 度，这一动作倒是按计划进行了。该望远镜上还携带着四块大型太阳能电池板，这些电池板也展开了。安装在空间站上的两块主太阳能板本应是打开的，但其中一块刚被撞过来的制动火箭炸飞了，另一块则在空间站一侧被卡住；有根金属带别住了太阳能板——那是来自流星防护罩的碎片。于是，电池板几乎没有产生多少电量。流星防护罩原本也有反射阳光和降低空间站温度的作用，防护罩消失后，空间站的温度开始上升，达到了 165 摄

① 1973 年 5 月 14 日，美国发射了最后一枚土星 5 号火箭和第一座空间站——天空实验室。NASA 曾希望将土星号火箭用于发射更多的空间站，但由于成本过高，土星号火箭在 1966 年终止了制造。

② 在第一批宇航员中，皮特·康拉德（Pete Conrad）正在脚踏车上锻炼。这是康拉德的第 4 次太空飞行，他在此停留了 28 天。

③ 第二批宇航员当中的科学家欧文·加里奥特（Owen Garriott）"坐在"阿波罗望远镜的控制面板前。宇航员报告说并不需要座位，于是他们把座椅挪走了。宇航员们特别喜欢在望远镜前工作，他们可以在这里观察太阳，并试着拍下太阳扰动的开始及其演变。

④ "餐桌"上有加热容器，用来盛放食物和饮料。有许多食品都是真空密封的罐头食品。

⑤ 第一批宇航员中的韦茨正在洗澡。折叠式淋浴器虽然使用方便，但难以清洗和维护。宇航员建议在未来的失重任务中只用海绵洗澡。

氏度。50 多个遥测参数都出现了异常读数。8 小时后，很明显，空间站遇到了严重的麻烦，首批天空实验室的宇航员们原定于次日升空，此时升空事宜却被无限期推迟，直到制订出挽救空间站的计划为止。

按照设计，天空实验室上的太阳能电池阵列并非直接指向太阳本身。若将空间站的方向调整到可最大限度获得太阳能的角度，也会导致温度上升到危险的水平。将空间站调整到倾斜的角度固然可以降低温度，但却会导致发电量下降。于是核心问题变成了如何在温度和发电量之间保持平衡。维持精确的指向产生了进一步的问题，因为定向推进剂的消耗速度比计划的要快。

除了异常读数和显示有必要平衡温度与发电量之外，遥测信号并没有确切显示出究竟是哪里出了问题。发射后第二天，一颗美国间谍卫星拍下了空间站的照片，能更清楚地显示其受损程度。

在接下来的五天里，工程师、设计师和裁缝组成的团队夜以继日地工作，设计了新的太阳能遮光罩来抵御太阳的热量，设计出切割工具以分离卡住的太阳能电池板，准备了新的食品和补给品来代替因高温而变质的物品，还开发了修理程序。空间站发射 11 天后，一艘阿波罗号飞船——天空实验室

2 号（Skylab 2）将补给品和修复材料连同三名宇航员一起送入了轨道。

人工干预

进入天空实验室后，宇航员们首先采取的行动，就是通过一个面向太阳的小型科学实验气闸部署一面类似雨伞的遮阳棚。遮阳棚打开几分钟后，温度就开始下降，这样宇航员就可以待在空间站内开展一些有用的工作。两周后，宇航员康拉德和克尔温进行了一次太空行走，试图解开仍被卡住的太阳能电池阵列。这需要一名宇航员手持缆绳，另一名宇航员在

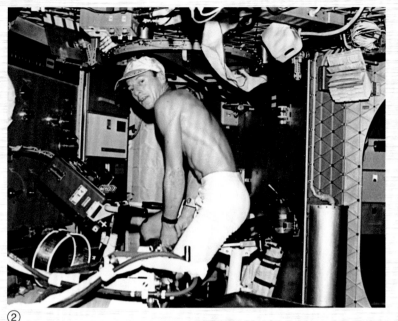

②

③

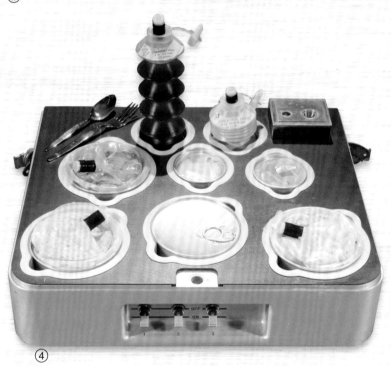

④

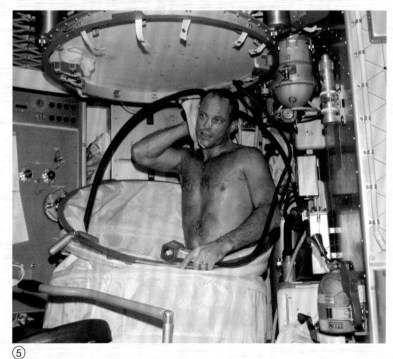

⑤

天空实验室的外壳上"行走",用修枝剪剪断别住太阳能板的带子。当那根带子突然松脱时,太阳能阵列猛然打开,将宇航员从天空实验室表面倏地弹开,简直如箭离弦一般。万幸的是,安全绳系得很牢固,宇航员得以顺利完成太空行走,并执行完任务的剩余部分。太阳能阵列既已展开,就意味着可以获得天空实验室额外两项计划任务所需的大部分电力。

天空实验室三次载人任务的持续时间都达到了美国此前最长任务的两倍。为了追踪每位宇航员的健康状况,在飞行期间和飞行结束后都进行了医学调查。生物学实验研究了多种活体动植物,包括老

> 有一种挑战是在那里待上
> 很长一段时间,看看你
> 是否真能在那里待得
> 下来,并且完成一些
> 有用的工作。
>
> ——杰克·洛斯玛(Jack Lousma),
> 天空实验室宇航员

鼠、蜘蛛和果蝇。美国各地的高中生都竞相争取让自己的实验进入太空,在天空实验室里进行。这些研究还获得了一些有记录以来质量最佳的太阳图像。地球观测记录了作物生长和季节变化情况,并与地面和搭载类似仪器的航天器所做的观测进行了比较。

为了拍摄一颗名为"科胡泰克"(Kohoutek)的彗星,最后一批宇航员在空间站上停留的时间超过了原计划,这颗彗星是在天空实验室项目期间发现的。最后一次任务的持续时间从原计划的 56 天延长到了 84 天。到任务结束时,他们已经断粮了,只好定量配给燕麦卷。

①

当我看到我们在国际空间站和
天空实验室上所做的一切，
我们正在学习如何运用专业
知识来让新环境发挥
作用。我们正在拓展
前沿阵地，我们正在
拓展边界……

——艾德·吉布森（Ed Gibson），天空实验室宇航员

① 第二批机组人员中的欧
文·加里奥特进行太空行走，
前往太阳能望远镜，以便取
回曝光后的胶片盒。

② 正在接近空间站的宇航员
拍下的天空实验室前端的照
片。下方的黑色圆圈为对接
端口。太阳能望远镜带有四
个庞大的太阳能阵列，形成
一个"X"形。剩下的一个
主太阳能电池阵列在图中上
方。原本还应当有一个与之

相同的阵列，但在发射过程
中被撞掉了。

③ 1974 年 2 月 3 日，天空
实验室上的最后一次太空行
走。科学家艾德·吉布森从
气闸中钻出来。

④ 即将离开空间站的最后一
批宇航员拍摄的天空实验室
顶部照片。工作区由一面临
时制作的金色太阳能隔热罩
加以保护。

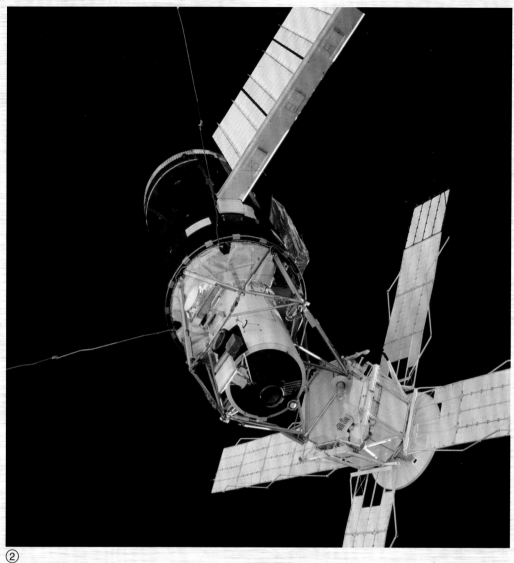

②

③

④

用土星号火箭发射的大直径空间站

载人轨道研究实验室是天空实验室时代发展起来的另一个概念。它的质量为 13 636 千克，而阿波罗应用（后来的天空实验室）轨道车间的质量为 34 090 千克，二者的直径均为 6.7 米。但土星 5 号火箭可将直径 10 米、重达 118 181 千克的有效载荷送入地球轨道，因此，将这些模块组合到一起，就可以组装成一座大型空间站。NASA 称其为大型轨道研究实验室（LORL，Large Orbiting Research Laboratory）。1965 年，NASA 局长詹姆斯·韦伯（James Webb）说，是时候规划阿波罗计划之后的下一步了，而下一步正是这样一座庞大的空间站，由土星 5 号火箭送入轨道。洛克希德公司做了一项研究，声称推进这一空间站项目是合理的，因为水星号、双子星座号和阿波罗号已经具备了相关资源，可以降低开发时间、研制成本和技术风险。

◗ 1969 年，NASA 发布了研究空间站设计的合同，希望以此作为阿波罗登月计划的后续行动。有几家承包商获得了邀约。麦克唐纳公司提出了一项空间站设计：将两个直径 10 米的大模块通过一条通道连接起来。

◗ 图为一个直径 10 米的多层核心大尺寸模块。土星号火箭的直径也是 10 米，所以这一模块已经近似于土星 5 号所能发射的最大尺寸了。在其两端附近都会提供对接端口，以便附加其他较小的模块。

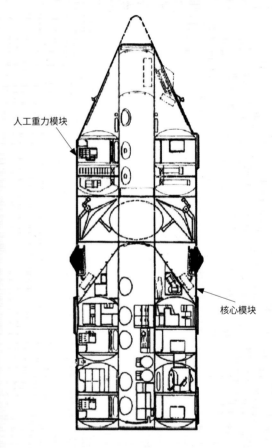

人工重力模块

核心模块

◗ 1968 年，载人航天中心主任罗伯特·吉尔鲁斯使用了这幅插图，当时关于如何在轨道上组装一座大型空间站的讨论方兴未艾，其中一些模块将由土星号火箭发射。图中这座空间站将围绕一个中央核心模块旋转，以便在两端产生人工重力。机组人员和后勤保障航天器会进入中央核心模块内。左侧为早期载人轨道研究实验室的示意图。

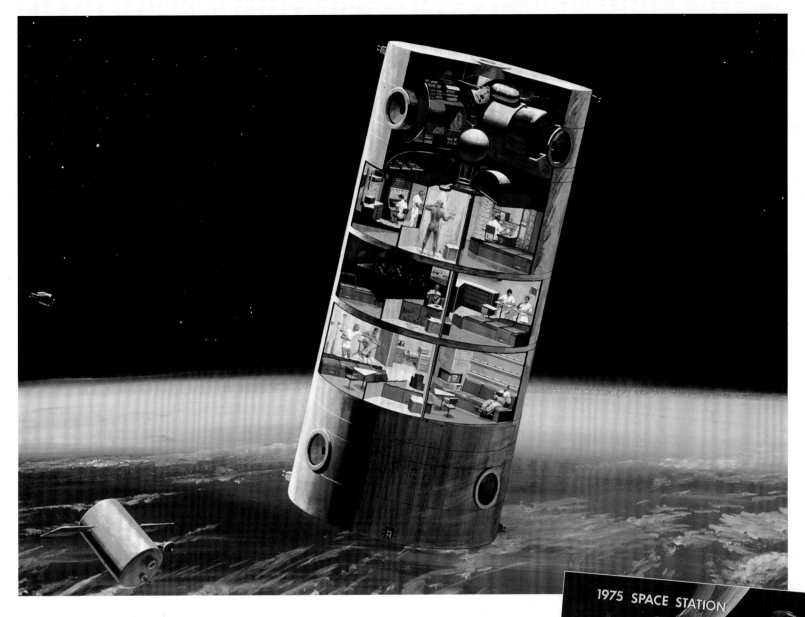

1975 SPACE STATION

MSFC-69-PD 406B

一项技术研究确定了关键参数，将由一艘两级土星 5 号火箭来发射直径 4.9 米或 6.7 米的核心模块。其他报告确定了一个直径为 10 米的核心模块，还可通过对接端口添加更多模块。空间站将在无人状态下发射，但内部可容纳 24 名宇航员，他们会在空间站停留 3 个月至 1 年时间，每 90 天获得一次再补给，由可搭载 6 人的阿波罗号飞船或是运送 12 名乘客的弹道输运或带翼运输机来运送轮岗宇航员。不同模块的机舱压力介于 3.5~14.7psia（绝对磅 / 平方英寸）之间。然而仅仅一年后，也就是 1966 年，用于研制更多土星号火箭的资金中断了。1967 年再次提出了经费要求，但仍然未获拨款。共有 15 枚土星 5 号火箭被制造出来，其中 12 枚用于测试和登月任务，1 枚用于发射天空实验室，另外 2 枚至今仍留在佛罗里达州和得克萨斯州，成了令人思绪万千的博物馆藏品。

◦ 虽然空间站的大尺寸核心模块将由土星 5 号火箭发射，但用于专门研究或后勤保障的较小模块则可由较小的助推火箭发射，并停靠在核心模块的对接口处。

用航天飞机发射的模块化空间站

既然用于制造土星号火箭的资金已经中断，那么在土星号火箭把人类送上月球之前，就无法再发射大直径的空间站了。NASA 将阿波罗和土星项目的最后希望寄托在了 1969 年履任的新一届总统班底上，但白宫在支持最初几次登月后终止了该项目。理查德·尼克松总统明确表示，他虽不赞成终止美国载人航天计划，但只会支持一个新项目。

其实早在阿波罗登月计划开始之前，空间站就已被确定为人类航天活动合理的下一步。NASA 负责载人航天项目的副局长乔治·穆勒重申，美国和 NASA 都需要一座空间站，还需要一架航天飞机，为空间站运送宇航员和补给物资。如果没有像土星号那样的重型火箭，那么航天飞机的关键点就在于具备足够庞大的尺寸，以便运输其规格足以容纳人类在内生活和工作的模块。

但若没有航天飞机，就无法发射空间站的模块或空间站上的宇航员。既然只能选择投入一个项目，NASA 便建议继续开发大型航天飞机，尺寸要大到足够用于以后发射空间站模块。一旦航天飞机研制完成，他们就可以再次尝试向新政府推销空间站概念。既然将航天飞机用作

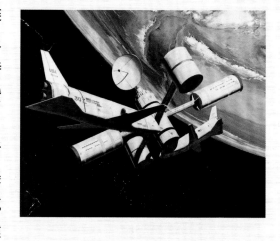

⬥ 关于航天飞机的讨论始于 20 世纪 60 年代末。航天飞机将会成为 NASA 唯一可用的大型运载工具，需能搭载宇航员和空间站模块。

NASA-S-71-557 X

NASA-S-72-1139-X

⬥ 航天飞机的设计理念逐渐成形，航天飞机及其有效载荷舱的大小取决于其需要携带的模块和航天器的尺寸。这些设计被称为"模块化空间站"（Modular Space Station），简称 MSS。

⬥ 航天飞机的设计始于 1969 年，从图中可以明显看出，航天飞机的大小和承载能力将会对空间站的组装过程及设计产生影响。副总统委员会建议 NASA 同时推进航天飞机、空间站和火星任务。

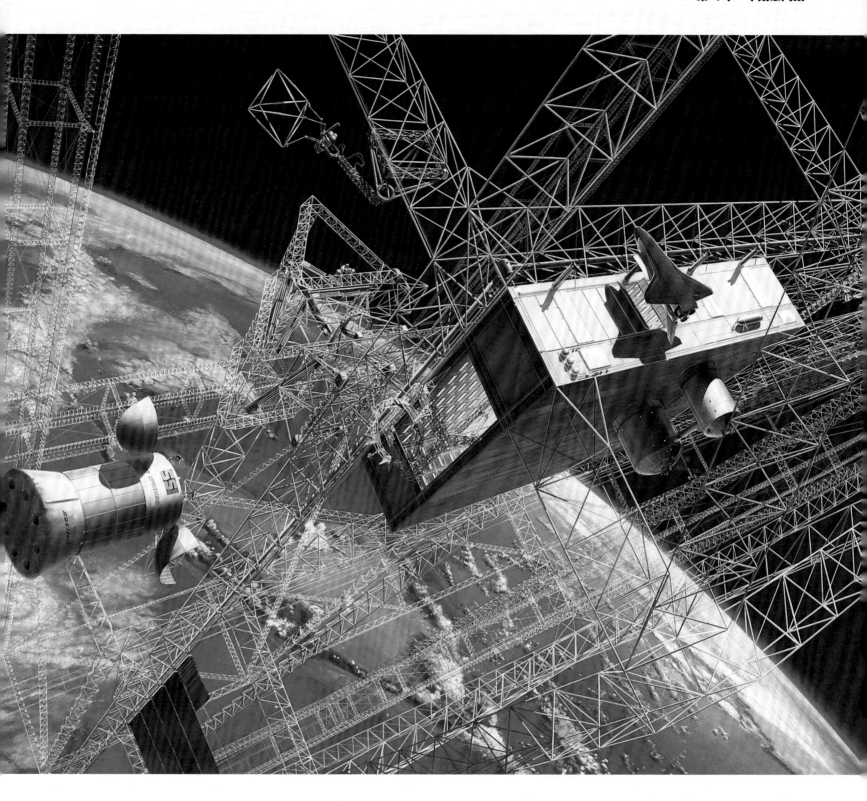

○ 20 世纪 70 年代，太空迷们为大型太空建筑画出了宏伟的设计图，它们可被用作太阳能卫星、建造火星飞行器的基地，甚至是太空聚居地。NASA 认为，如果具备高效的运输系统，能将有效载荷送入轨道，这样的设想就可以实现。

发射装置，这就决定了未来空间站的部件必须可以用航天飞机运输。NASA确定了最小有效载荷舱的直径为 3.6 米或是更理想的 4.5 米，足以容纳可供人类在其中生活和工作的模块。

太空实验室

航天飞机于 1971 年获得批准，但空间站项目被推迟了。NASA 担心，他们现在虽有了运输系统，却欠缺用来支持需要大量人类交互的实验系统。几乎是紧接着，NASA 的马歇尔航天中心研究了用航天飞机有效载荷舱来运送的一个密封模块，欧洲太空团体表示有兴趣出资提供这一模块，即现在的"太空实验室"。NASA 和欧洲空间研究组织（European Space Research Organization，简称 ESRO）于 1973 年签署协议，并于 1978 年挑选出了第一批执行任务的宇航员。20 世纪八九十年代，太空实验室作为一座间歇性使用的空间站，供科学家和宇航员开展研究。

太空实验室模块通过一条通道与航天飞机的乘员舱相连。内部的架子上放置着各子系统、补给物品和实验装置，因任务的不同而有所差别。在有效载荷舱内，可将非增压平台置于这一模块的后方。站内人员分为

◐◑ 在美国决定先建造航天飞机再建设空间站之后，NASA 探索了可搭载在航天飞机内升空的科学实验室。欧洲航天局（ESA）与 NASA 合作建造了太空实验室。

◓ 太空实验室 –J 是由日本赞助的。图为简·戴维斯（Jan Davis）在进行科学实验。

◒ 太空实验室的实验任务往往会向自然科学倾斜。与生命科学相关的有效载荷一般安装在模块的中央走廊上。

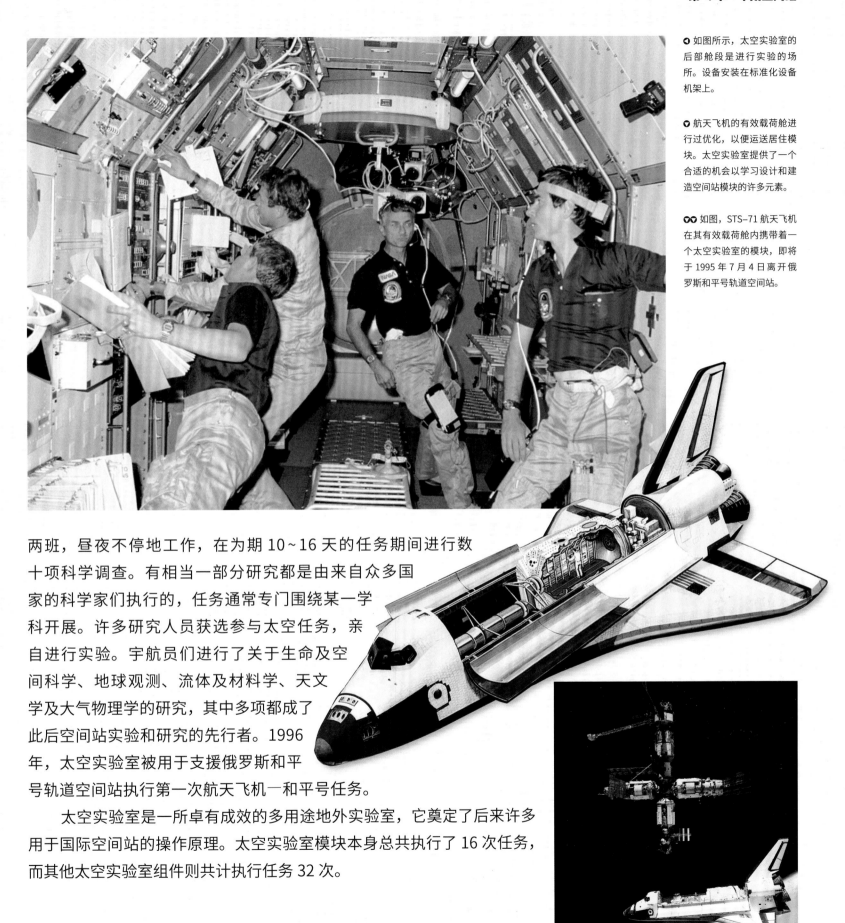

两班，昼夜不停地工作，在为期 10 ~ 16 天的任务期间进行数十项科学调查。有相当一部分研究都是由来自众多国家的科学家们执行的，任务通常专门围绕某一学科开展。许多研究人员获选参与太空任务，亲自进行实验。宇航员们进行了关于生命及空间科学、地球观测、流体及材料学、天文学及大气物理学的研究，其中多项都成了此后空间站实验和研究的先行者。1996年，太空实验室被用于支援俄罗斯和平号轨道空间站执行第一次航天飞机—和平号任务。

太空实验室是一所卓有成效的多用途地外实验室，它奠定了后来许多用于国际空间站的操作原理。太空实验室模块本身总共执行了 16 次任务，而其他太空实验室组件则共计执行任务 32 次。

载人轨道设施

20 世纪 70 年代中期，NASA 在研制航天飞机的同时，也进行了若干项空间站研究，他们期望一旦航天飞机开发完毕，就接到开始建造空间站的指示。从 1974 年开始，NASA 的马歇尔航天中心与麦克唐纳公司合作开发了载人轨道设施（Manned Orbiting Facility，简称 MOF）概念。

马歇尔航天中心采用了改良的方法，从现有系统入手，对其功能进行拓展。NASA 在进行 MOF 设计时，是以正处于开发中的太空实验室模块和无人操作平台为基础的，打算将其用作航天飞机上的短期实验室。它一开始是人工操作设施，由航天飞机送入轨道。它自备电力供应和支持系统，航天飞机会把它留在轨道上。然后，MOF 虽处于无人操作状态，但仍旧可以通过预先编程或地面遥控的方式来进行实验。航天飞机会定期造访该设施，在造访期间，机上的研究人员就会进行实验操作，并收集实验成果以

◑ 在太空实验室的开发工作中，NASA 与欧洲航天局展开了密切合作。他们提出了以太空实验室模块为基础的自由飞行科研平台。

◑ 随着时间的推移，工程师们可以往空间站平台上添加模块。人类可以在这些模块中生活和工作，航天飞机同时与之相连。

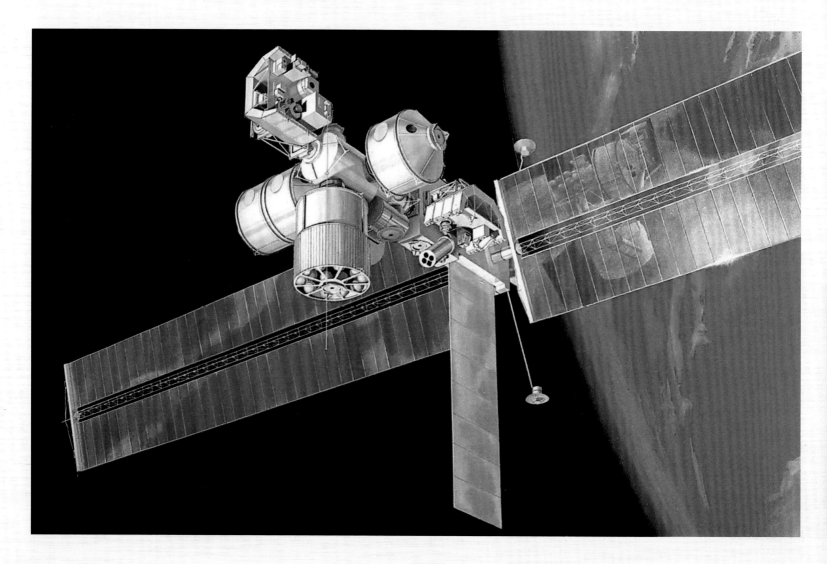

○ 最终可以添加进太空实验室式的模块和环境系统，这样即使在航天飞机离开之后，三到四名宇航员仍然可以在此驻留。

○ 最初，MOF 设施会由来访的航天飞机照管。宇航员可以在轨道上维护这些系统，并为其提供原材料和补给物资。

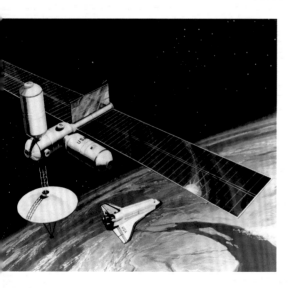

便带回地面。他们还会带来新的原材料，用于更多实验。MOF 还可增强航天飞机的性能，让航天飞机在轨道上执行为期 30 天的任务。最后还可以添加系统，以便在航天飞机访问期间留下四名宇航员。一旦有了常驻人员，系统可具备四个单元：子系统模块、居住模块、后勤模块和有效载荷模块。模块化设计意味着 NASA 可以通过增加额外的模块来扩大空间站的规模。

　　一旦获得批准，MOF 或许在大约 10 年内就可做好发射准备。计划在 MOF 上进行的科学研究进一步拓宽了航天飞机 – 太空实验室任务的研究内容，其中包括航天制造、先进技术、生命科学或技术、地球观测，还可进行一系列天文学和物理学实验，包括红外天文学、紫外天文学，太阳观测，磁层和等离子体物理学，高能天文学和宇宙射线等方面。

1979—1982 年，航天操作中心

20 世纪 70 年代末，人们针对在太空中兴建大型建筑进行过大量讨论。太空聚居地可以让数百人生活在我们的星球之外。大型太阳能卫星会通过微波向地球发射能量。在过去的十年间，无人通信卫星一直处于大规模应用中，因此人们认为，或许需要一种设施来收集和翻新卫星。还有人希望，一旦空间站建成之后，航天操作中心（Space Operations Center，简称 SOC）就可以支持下一项计划开展，即组装一架大型航天器，搭载人类执行飞往其他行星的航天任务。

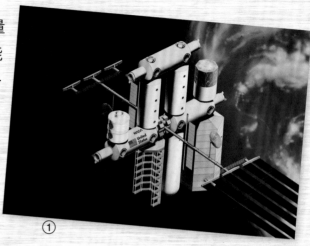
①

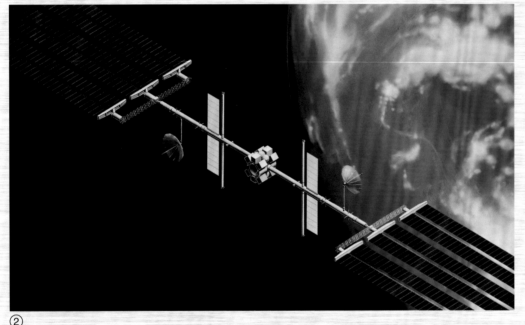
②

> 除非人类向太空中拓展，否则我不认为我们能活过接下来的一千年。仅仅生存于单一星球上的生命有可能遭遇太多的意外。但我是个乐观主义者。我们会伸手去触碰群星的。
>
> ——斯蒂芬·霍金

NASA 约翰逊航天中心（Johnson Space Center，简称 JSC）从 1979 年开始研究 SOC 概念，一直持续到 20 世纪 80 年代初，确定 SOC 可具备多种用途，主要用于处理和维护卫星以及组装复杂的大型航天器，如果配备了合适的实验室，也可用于科学研究。SOC 是为近地轨道设计的，模块将通过航天飞机发射升空，航天飞机还会提供新的系统和后勤保障。带到 SOC 上装配或作为再补给的有效载荷质量将介于 15 909~20 454 千克之间。

增加宇航员及设施

SOC 计划采用渐进的发展方式，实现阶段化递增式扩张。最初只有 2 到 4 名宇航员，但随着需求、电力、生命支持和补给及居住模块设施的增加，SOC 可以容纳多达 50 人。每个模块都有一个主要用途，比如居住、维护、研究或系统支持。升空的第一个模块会先部署吊臂，吊臂展开后，会备有供电用的太阳能电池阵列、用于清除余热的散热器、实现姿态控制的定向系统和一台计算机。下一步是部署命令和控制模块，以构成完整的初始系统组，包括电力系统、通信系统、命令系统、控制系统、稳定系统、生命支持系统，以及一个用以实现独立的无人自动化操作的数据管理系统。当航天飞机造访时，宇航员可以通过这一模块进行系统操作、开展实验并实现其他功能。最初需要进行舱外活动或

太空行走，相关操作将由造访的航天飞机提供支持，但在第一阶段期间，会添加一个高压舱和一道气闸。完成之后，这一初始阶段一般可以容纳 2 人，但在任务参数需要的情况下，也可容纳 4 人。

在第二阶段，会添加一个用于装配平台的远程操控系统，类似加拿大为航天飞机构建的遥控系统，之后会将其用于卫星和大型航天器的维护及装配。另一次发射会运来第二个命令与控制模块，带有相同的计算机系统。到第三阶段，多个居住模块——彼此之间以通道连接，配备多个对接模块，允许造访的航天飞机和其他航天器与之连接——会提供绰绰有余且可分离的居住区域，以备不时之需。在第三阶段，宇航员人数将增加到 8 名，主要任务是进

④

① SOC 的主要任务是在轨道上组装并维护大型航天器，而非进行科学实验。
② SOC 将使用航天飞机

有效载荷舱内装载的模块和其他基本部件在轨道上组装。宇航员会在这里生活 90 天。

③ 随着附加模块、系统和补给的增加，SOC 可以扩大乘员规模，最终形成一个重要的外行星社区。

④ 随着时间的推移，还可以组装大型吊架，为航天器提供维修舱，保护居民免受阳光照射，并提供处理机构。

行卫星维护和太空基础建设。

机组系统

空间站上的机组人员将参与后勤保障航天器的维修及维护工作。计划将有两架轨道机动飞行器

（OMV，Orbital Maneuvering Vehicles），为了执行某些任务，可能还会安排轨道转移飞行器（OTV，Orbital Transfer Vehicles），这些均可重复使用。还可将航天器运往地球同步轨道和其他轨道，也能增加非增压吊架，以容纳并保护正在进行维护或建设的 OMV、OTV、卫星或航天器。如有需要，还可添加额外的居住模块和支持系统，以便增加宇航员人数。

机组人员有男有女，一般停留时间为 90 天。空间站内会为他们配备私人睡眠区、带餐桌的厨房、医疗设施和健身所需的运动器材。在容纳 8 名宇航员的情况下，将有 6 个太阳能电池阵列安装在可随太阳旋转的吊臂上，镍氢电池可将电能储存起来，

以供夜间使用。

科学和应用

在靠近 SOC 的地方，科学及应用项目可以在航天器上独立进行。SOC 上的宇航员会参与航天器维护、再供应原材料，并获取实验成果，还可以添加额外的模块，来支持生物医学研究、零重力制造、高精密通信和详细的地球资源遥感。随着 SOC 的增加，对当时航天飞机计划的飞行次数和飞行期限的要求均可降到最低，从而降低航天飞机的运营成本。航天飞机每次造访时，宇航员都会在机上搜寻燃料、空气和水，以便对 SOC、OMV 和 OTV 进行再补给。

1983—1984年，配置开发

1983年，配置开发小组（Configuration Development Group）对各种设计进行了审查，以便确定可用于日后评估的标准。马歇尔航天中心提出了一种非常类似于MOF的配置方式，即从一个太阳能供电平台开始，该平台可以用于增强和扩展航天飞机的性能，接着在随后的人工操作和自由飞行阶段再另行添加工作模块。随着时间的推移，还会增加更多系统，以便使其成为永久载人空间站。约翰逊航天中心提出了几种办法。第一种便是采用构建模块，类似于SOC，先由公用设施模块提供所需的基本系统，如动力、方向和推进系统，随着时间的推移再添加更多具有附加功能的模块。

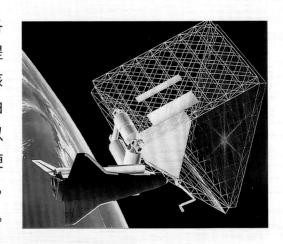

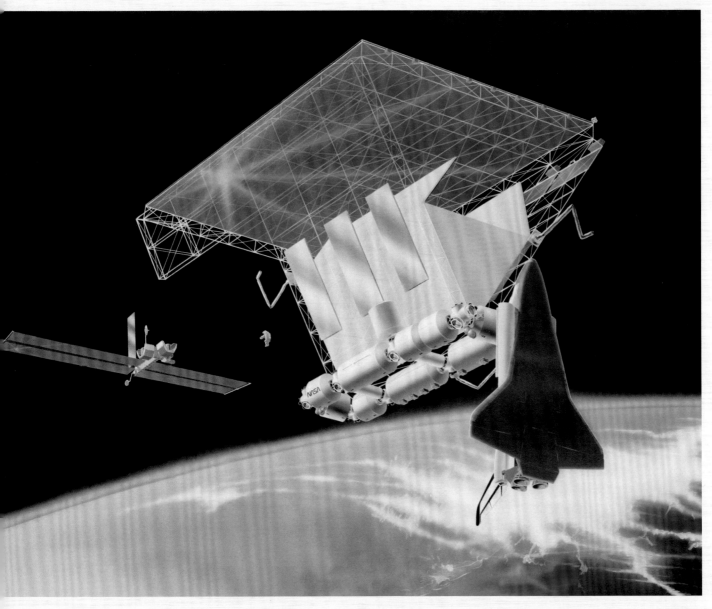

○ "三角洲"是一个巨大的三角形桁架，为安装模块、太阳能阵列、散热器和各种实验提供了充足的表面积。

○ 它的主要任务是为月球或火星飞行器的准备工作充当操作基地，可通过服务吊架、额外的模块舱和更多电力来扩大"三角洲"。

○ "大T"具有利用重力梯度稳定的优势。这些图还显示了自由飞行的卫星，这些卫星可与空间站共同飞行，由空间站上的宇航员照管。

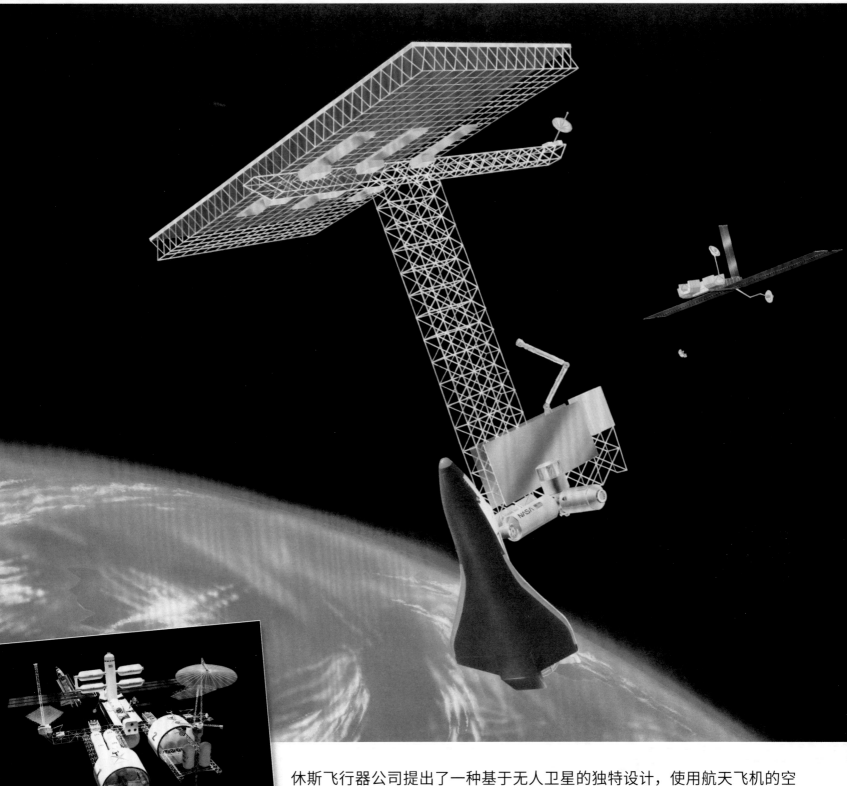

○ 通用动力公司的康维尔分公司提议为卫星提供服务。大型吊
架可以被用来构建服务舱，行走太空的宇航员在这里对来自其
他轨道的航天器加以维护、翻新及燃料补充。

休斯飞行器公司提出了一种基于无人卫星的独特设计，使用航天飞机的空
外贮箱，通过旋转保持稳定。这些贮箱就像四条轮辐，一个圆形的大型太
阳能电池阵列平放在贮箱上，直径为 111 米，贮箱和整个阵列组通过旋转
来保持稳定。居住模块安装在位于中心的轴承上，并反向旋转。

1984—1985年，发电塔

　　空间站上开展的工作中究竟哪一种才算重要，NASA各中心持有不同的看法。到1983年为止，NASA的所有中心都已确定了各自的需求，但对于空间站的外观应该是什么样子，并没有人提出完整的概念。他们希望里根总统能宣布批准该项目，但他们需要一个大家看得见的概念，因此成立了概念开发小组（Concept Development Group，简称CDG），以奠定从成本出发的设计参考概念。

　　CDG考察了几种不同的配置。其中一种是巨大的三角形结构，模块位于三角形的一边，名为"三角洲"（Delta）。还有一种设计是"大T"（Big T），太阳能电池阵列平坦地排在顶端，若干模块位于靠近底部的位置。用缆绳把各部分绑到一起，然后整个空间站旋转产生人工重力，在缆绳的不同位置，重力会有所变化。1983年，工程师和科学家初次提出"发电塔"

◐ 在1983年概念开发小组提出的设计方案中，"发电塔"方案被挑选出来进一步研究。该方案具备重力梯度稳定性，可从安装位置进行太空观测，其模块足以容纳6名机组人员。

◐ NASA位于俄亥俄州的刘易斯研究中心提出了太阳能热力发电机的设想，利用抛物面镜加热流体来驱动发电机运转。

◐ 热力发电机比太阳能电池更高效、更耐用、线条更简洁，但需要进行更大规模的开发，造价也更高昂。

○ 图中右侧为发电塔上的乘员舱,每个舱上都有 6 个停靠端口,呈正方形分布。宇航员将乘坐航天飞机往返空间站,图中可以看到航天飞机正停靠在空间站末端。位于中心位置的大盒子是用来容纳卫星的服务舱,有一颗自由飞行的卫星正在附近运行。

设计方案,塔高 122 米,在 82 米的跨度上配有 75 千瓦的太阳能电池板,采用重力梯度稳定方式,即借助重力差来保持这些模块始终面向地球,以减少对定向燃料的需求。这种方案可获得最佳地球观测角度,模块分布的位置也为航天飞机提供了不受阻碍的对接路径。有一些附着点可供外部有效载荷对地球和太空进行观测,有两个美国实验室和两个美国居住模块,长度均为 10.7 米。所有模块均采用了相同的设计,以降低开发成本。该塔的建造需要 12 架次的航天飞机来进行组装,6 名宇航员轮班,且每人工作 12 小时。所需成本基于单个组件和系统的开发需求,而开发需求又取决于系统的复杂性和质量。以 2017 年美元为单位计算,成本约为 200 亿美元。一旦项目正式启动,发电塔就会成为未来开发工作的起点。

1985—1986年，"双龙骨"

1986年3月，空间站计划进行一次系统需求审查。工程师和科学家们回顾了发电塔设计遇到的技术问题，对B阶段的初步设计提出了修改建议。早在20世纪80年代中期，人们就在航天飞机上开始了一系列材料加工实验，且认为其具有很好的前景，可用于制药生产。零重力的太空生产环境是空间站应用的关键。在发电塔设计里，制造实验在加压模块中进行，模块位于一根长杠杆臂的末端，即中心桁架上。然而，这种分布方式会增加振动、破坏微重力环境，从而降低实验处理的纯度。

为了解决这一问题，名为"双龙骨"的全新设计应运而生。它是一个长95.5米、宽45.7米的长方形结构，由边长为5米的正方形截面和15米长的桁架组装而成。上龙骨支撑的是与天文学相关的有效载荷，地球观测的有效载荷则位于较低的吊臂上。长度为120米的中心桁架贯穿于双龙骨之间。增压模块安装在正中央，这个位置可以使由结构和宇航员引起的振动、加速力最小化。太阳能阵列或供电系统放置在两侧，散热器靠近中心位置，用于服务卫星的吊架则安装在桁架内。哈勃太空望远镜也会被带到空间站，并在吊架上进行维护。两颗科学卫星及OMV和OTV会进行对接。各模块

⊙ 为了减少对宇航员造成的振动干扰，这些模块被移到了重心位置上，模块内部能容纳8人。

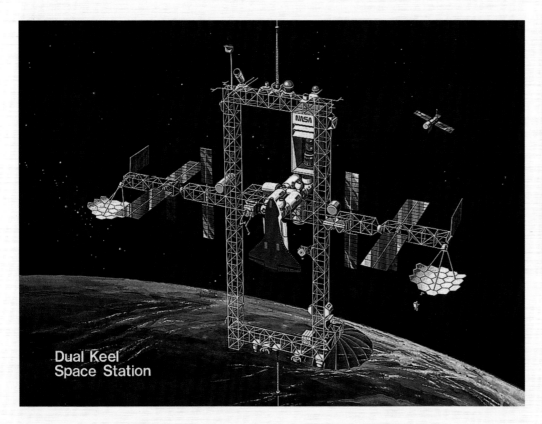

Dual Keel
Space Station

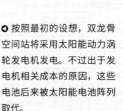
⊙ 按照最初的设想，双龙骨空间站将采用太阳能动力涡轮发电机发电。不过出于发电机相关成本的原因，这些电池后来被太阳能电池阵列取代。

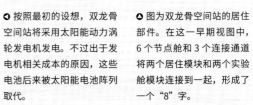
⊙ 图为双龙骨空间站的居住部件。在这一早期视图中，6个节点舱和3个连接通道将两个居住模块和两个实验舱模块连接到一起，形成了一个"8"字。

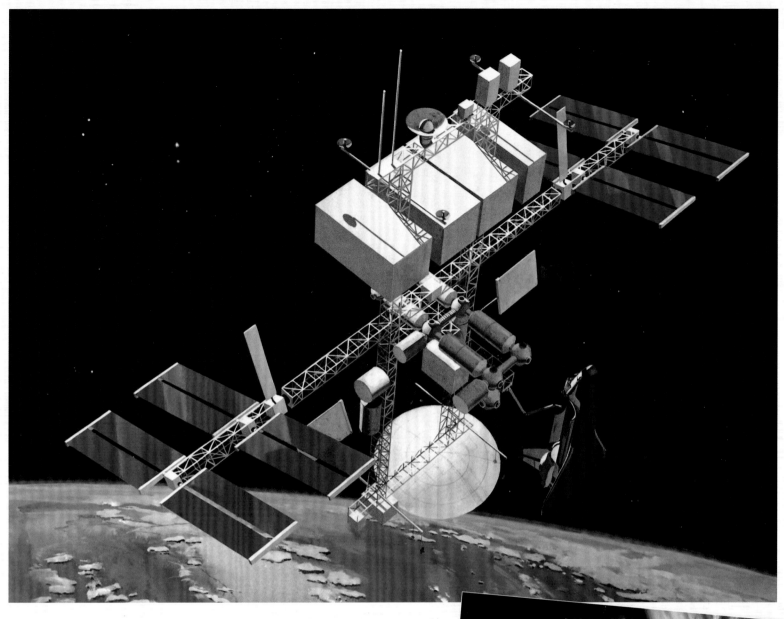

⬆ 完成后的双龙骨空间站将会成为实用性很强的太空设施，供工程项目和后勤保障使用。它会提供充足的"悬挂空间"，用于组装将人类带到月球和火星的航天器，还可作为卫星服务设施。

⬇ 在讨论双龙骨设计方案的同时，各方还达成了最早的一批协议，将 ESA 和日本的实验舱模块也包括在其中。

组成了一个"8"字。随着欧洲和日本加入国际空间站计划，美国有一个实验模块和一个居住模块被欧洲和日本的实验室所替换。

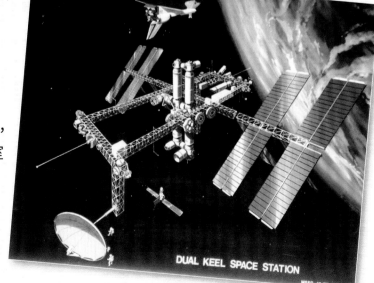

DUAL KEEL SPACE STATION

MSFC-12/85-PM 1655A

应用研究

　　NASA、欧洲、日本和加拿大研究了空间站的多种用途，以及这些用途对设计的影响。空间站可以成为发射月球、小行星和星际研究航天器的基地。对于地球和行星观测、等离子体物理学及天体物理学研究来说，拥有载人机组服务设施也有好处。有人类参与的材料加工、生命科学和太阳物理学研究也是有价值的，从事专业研究领域的科学家可以作为宇航员进入太空，并开展实验。邻近的共轨"自由飞行"平台可免受人类居住区域的干扰或污染。地球观测在商业领域的机遇主要在于石油和矿物勘探、农业预测、材料加工以及更高轨道卫星的发射和维护。由于在轨道上不受重力作用，蛋白质与药物的分离和纯化速度比在地球上快 500~1000 倍，因此，企业或许可以对诸如药物、合金、半导体和光纤等材料的加工进行商业化应用。

🔾 由于担心双龙骨空间站造价过于昂贵、需要更多的舱外活动组装时间、龙骨结构可能难以"关停"，还会增加航天飞机组装飞行的次数，于是设计方案中的两组龙骨被取消了。若有需要，龙骨可以等到以后再重新添加。

🔾 宇航员在太空行走时，将借助机械臂把各个单独部件手工组装成图中这一大梁状桁架。

🔾 在挑战者号航天飞机发生事故后，人们开始对新的机组人员紧急返回设施的需求产生关注。为了降低成本，同轨飞行的无人自由飞行器被取消了。

◔ 为了进一步控制成本，装配和维护舱被取消了，这引起了月球和行星探测界的关注。双龙骨的汰换也同样令人困扰。

◔ 模块和连接节点被延长，以便在内部安装更多设备，并缓解一部分外部布局问题，还增设了两个穹顶舱，好让机组人员进入其内，协助进行外部活动。

1984 年，里根总统批准

　　1980 年，罗纳德·里根出任美国总统。里根手下的 NASA 过渡团队负责人乔治·洛（George Low）汇报称，首次登月带来了新知识、新想法和新技术，然而，随着苏联空间站实现了经济和外交政策上的进步，美国在太空领域的优势已经被削弱。里根就职三个月后，航天飞机首次成功发射。NASA 局长此时由詹姆斯·贝格斯（James Beggs）担任。他确认，航天飞机已取得成功，所以下一个目标就是空间站，它将为各类科学在太空中进行全新的长期实验开辟空间。例如，需要一座空间站来测试以后月球或火星前哨站所需的系统。

　　里根参观了任务控制中心，并与宇航员交谈，又前往航天飞机的着陆地点，表达了对寻求太空投资回报的兴趣。在航天飞机着陆点，里根说，他要求 NASA 在太空建立永久性的人类生活地。贝格斯成立了一个空间站特别工作组，向里根内阁展示空间站的潜力，然而即便如此，在 13 个席位

◔ 在一次内阁会议上，里根曾说，他希望当他其余所有的成就都被世人遗忘时，人们还会记得他对空间站的支持。

◔ 1982 年 7 月 4 日，哥伦比亚号航天飞机第四次飞行结束时，在等待哥伦比亚号着陆期间，里根在加利福尼亚州进取号航天飞机前发表讲话。

◔ 1981 年 11 月 13 日，在航天飞机第一次飞行期间，里根在地面控制中心与约翰逊航天中心主任小克里斯托弗·克拉夫特（Christopher Kraft Jr.）交谈。

○ 里根、NASA 局长詹姆斯·贝格斯（右二站立者）和小克里斯托弗·克拉夫特（右一站立者）。里根在航天飞机第二次飞行着陆后与宇航员们交谈。

○○ 1981 年，在航天飞机开始执行任务时，里根就任总统。航天飞机是在太空探索领域向前迈出的革命性一步，也使空间站的开发拥有了可能性。

中，仍然只有 4 个席位对发展空间站投了赞成票。里根站起身，走到门口，将手放在门把手上，转过身来，问道："大家觉得，100 年后，人们会记住我们什么？"

下属们不肯同意时，总统运用他的权威加以干预，他批准了空间站计划。贝格斯说，虽然内阁投了反对票，但里根投了赞成票。1984 年 1 月 25 日，里根在国情咨文中宣称："只要我们敢于伟大，美国就永远是最伟大的。我们可以追随梦想，去往遥远的群星，为了和平及取得经济和科学上的收获而在太空中生活和工作。我正在指示 NASA 开发一座永久性载人空间站，并要求他们在十年内完成。"后来，他把空间站命名为"自由号"。

自由号

里根总统没有在内阁会议结束时宣布他的决定。他询问是否有可能以国际合作的形式来建造空间站，詹姆斯·贝格斯答道："当然有可能。"里根面临着大部分内阁成员、科学顾问和国防部的反对，因此，他们又进一步收集了相关论据，来争取更多人的支持。邀请国际社会参与此事似乎有利于实现和平、政治和商业目的，也可能有助于分摊成本。在国情咨文中，里根要求 NASA "邀请我们的朋友和盟国来巩固和平、造福后代，也让更多人享受自由"。

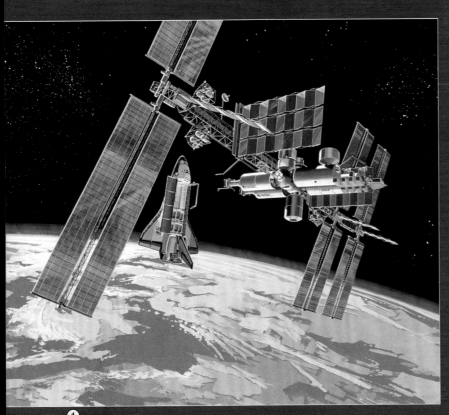

① 1991 年自由号空间站的假想图。然而，不出两年，NASA 的注意力又转移到了国际空间站的开发上。
② 1991 年，艺术家艾伦·钦查尔（Alan Chinchar）也绘出了自由号空间站在轨运行的假想图。他描绘的是已经完成的空间站，展示了 4 个加压模块（3 个实验舱和 1 个居住模块）和 6 个大型太阳能电池阵列。背景中还富有想象力地描绘出了月球和火星。

该项目成立后便致力于用两年时间来确定需求、成本和进度。NASA 各中心会发挥管理作用，每个中心都要拟订一份需求提案，然后进行公司投标，确定价格和设计。1984 年 8 月，空间站参考设计完成。该设计基于 1983 年发电塔的研究，也是初步进行成本估算的基础。双龙骨设计出现了，并于 1986 年 3 月获得正式批准，但这导致成本增加，也延误了正常进度。另一次设计审查将上龙骨和下龙骨的开发时间延后了。1987 年年中修改后的设计则只留下了中心桁架和位于中央的模块。

用于和平目的

关于国际社会出资事宜的谈判在 1988 年 9 月达到高潮，并达成了一项关于空间站的政府间协议，决定了空间站的民用性而非用于军事目的。在全球政治局势持续紧张的时期，这是合作向前迈出的重要一步。欧洲航天局和日本将各自提供一个实验室模块，而加拿大则提供一根基于航天飞机遥控装置的机械臂。

俄罗斯加入

20 世纪 90 年代初，人们对于美俄两国联合进行太空活动产生了相当浓厚的兴趣。自由号空间站面临着几个问题：成本不断攀升，而且空间站的设计初衷是在航天飞机的飞行间隙为宇航员提供一处安全的避风港，但在经历了 1986 年的挑战者号灾难后，航天飞机有 30 个月没有飞行。这次事故发生后，项目认定需要开发一架救援航天器，这样宇航员就总有办法返航，但这架新航天器没有预算可用。与此同时，随着 1991 年苏联解体，俄罗斯政府对太空企业（如设计一局）的支持力度也急剧下降。俄罗斯人不希望本国的太空计划就此终止，但政府已不再进行资助。

> 我们去了俄罗斯能源公司的工厂，在那里参观了暴风雪号。它和美国的航天飞机一模一样，凡是暴风雪号上能搭载的有效载荷，都可以搭载在我们的航天飞机上。
>
> ——阿诺德·"阿尼"·奥尔德里奇
> （Arnold "Arny" Aldrich），NASA 项目经理

① NASA 开始与俄罗斯方面讨论将联盟号宇宙飞船作为自由号空间站紧急救援航天器的可能性。

② 苏联的暴风雪号仿照美国的航天飞机而制造，但也有一些不同之处，比如液体燃料助推器火箭，以及将主发动机放在核心子级的底部。

1991 年，美国参议院询问 NASA 官员，空间站是否可以将俄罗斯的联盟号飞船用作救援航天器。随后，1992 年，美国总统乔治·布什寻求重启美俄在太空领域的合作。两国达成一致意见，在美国航天飞机上搭载一名俄罗斯宇航员，并将一名美国宇航员送往俄罗斯的和平号空间站，美国航天飞机将与和平号空间站进行对接。

从 1992 年初开始，NASA 和俄罗斯方面开始举行会谈，以便确定更多有可能进行合作的领域。在参观苏联设计一局期间（当初的斯普特尼克号人造卫星、东方号飞船和和平号空间站均发轫于此），美国官员参观了联盟号的测试及操作设施，还有一架俄罗斯航天飞机。暴风雪号航天飞机仅在 1988 年执行过一次无人太空任务。在 OKB-1 的航天飞机内装有一个对接舱，准备与和平号轨道空间站共同使用。美国人查看了暴风雪号，发现它的制造规格与美国的航天飞机相同：有效载荷舱大小、连接对接模块的轨道尺寸都相同，还采用了同一种锁紧装置。因此，俄罗斯的对接模块可以完美地适用于美国的航天飞机。

选择和危险

这样的一致性为一系列联合任务提供了多种选择。首先，俄罗斯宇航员会搭乘美国航天飞机飞行。然后，美国航天飞机将与俄罗斯和平号轨道空间站进行交会，接下来，美国宇航员会在和平号上生活。美国航天飞机将使用对接模块与和平号对接，并将宇航员带回地球。

俄罗斯技术人员起初对此持怀疑态度，但俄罗斯政治领导层同意了这项计划。1993 年，比尔·克林顿出任美国总统，当时正值自由号空间站成本上升、进度推迟之际，这一项目面临着政治风险。国会在投票中仅以一票之差否决了该计划。丹·戈尔丁（Dan Goldin）成为 NASA 局长，下令重新设计以降低项目成本。大家提出了三个备选方案：

· 方案 A 使用了自由号的众多组件。一个重要的变化在于，太阳能电池阵列不再跟随太阳的方向而动，因此整个航天器必须面向太阳。

· 方案 B 对自由号的设计做了改进。

· 方案 C 是个巨大的圆柱体模块，可以通过单次任务发射升空。大型空间站模块将取代航天飞机轨道飞行器，会使用航天飞机的固体火箭助推器、

③

③ 最初的计划是让美国航天飞机返回自由号空间站搭载宇航员，但自从挑战者号事故发生后，航天飞机有两年半时间没有飞行。

④ 克林顿总统在 1993 年要求 NASA 重新设计空间站，但重点转向了增加两个俄罗斯模块，以形成空间站其余部分的基础部件。

④

外贮箱和主发动机。某些版本是基于航天飞机轨道飞行器改装而成的，用太阳能电池阵列替换了机翼。

到了 1993 年夏，白宫对一项新兴的设计方案表示支持，它简化了空间站设计，并取消了某些部件。随后，一项激动人心的声明于 1993 年 9 月 2 日发布：俄罗斯将作为合作伙伴加入空间站计划。通过合并美国和俄罗斯的空间站项目，克林顿极大地拓宽了双方的合作。这一声明可能成了该计划的救星，因为与俄罗斯的全新伙伴关系获得了国会的赞成票。在重新设计的过程中，NASA 已经考虑好让俄罗斯以付费硬件供应商的身份参与项目。

创建模块

俄罗斯同意建造几个空间站模块，其中两个作为空间站的基础，提供关键的推进、定向和居住功能。俄罗斯还将每年发射两艘联盟号宇宙飞船作为"救生艇"，并每年发射几艘进步号宇宙飞船来"提升"空间站高度，将其维持在正确的轨道上。俄罗斯人被推上了举足轻重的道路，需要持续不断地投入。俄罗斯的参与有助于解决阿尔法（Alpha）在技术上面临的问题，否则就需要进一步做出设计调整。

1993 年 9 月 7 日，在俄罗斯的支持下，名为"阿尔法"的新设计方案被公之于众，不过仍面临着一些技术问题。自由号空间站将以 28.5°的倾角沿轨道运行。国际空间站则不得不保持 51.6°的倾角飞行，因为俄罗斯无法将其发射到 28.5°倾角。随着航天飞机的倾角增加，航天飞机每次飞行时能送入轨道的载荷质量就会大幅降低，将减少约 6818 千克。在那样的倾角上，航天飞机也无法支持空间站的组装，所以必须升级航天飞机的性能。他们成功地将航天飞机的运载能力增加了约 5454 千克，这就意味着因倾角问题而削弱的运载能力只减少了1363 千克。航天飞机可以支持空间站的组装工作，但在 35 次任务期间，大约需要增加三个额外的飞行架次。还有其他问题，如 51.6°倾角下的照明和温度状况，这样一来就有了充分的理由重新评估太阳能阵列的旋转要求。

和平号轨道空间站

虽然和平号是基于早期的礼炮号 DOS 设计而成的，专门模块又是基于阿尔马兹 /TKS 模块设计的，但它建立起了一套根本不同的原则。和平号的概念是在 20 世纪 70 年代初建立起来的，最初被称为"永久轨道空间站"（Permanent Orbital Station），后来计划有所削减，又被重新命名为"DOS-7"。

与早先的礼炮号相比，和平号空间站在结构上的重大变化是增加了 4 个横向对接口。早期的礼炮号在长轴上有两个对接端口，允许搭载了宇航员的联盟号飞船、装有补给物资的进步号飞船及可运送大规模系统的 TK / 阿尔马兹型航天器与之对接。上述三种航天器当中的任何两种可同时与礼炮号对接。而和平号配有 6 个对接口；除了旧式的礼炮号长轴上的 2 个端口之外，还另外增加了 4 个新的横向端口，允许 6 架不同的航天器或模块同时与其对接。

和平号的内部也做出了重大改变。虽然从外部看来，和平号的核心模块与以前的礼炮号类似，但早期的礼炮号模块配置了可保障宇航员在轨道上停留数月所需的所有系统；而和平号的核心模块则主要是宇航员居住模块，内有宇航员私人宿舍、用于准备食物的厨房、用于个人卫生的私人废物处理舱，以及贯穿中心大部分位置的健身设施。

◑ 1998 年和平号轨道空间站竣工后的照片，这是从一架来访航天飞机的窗口拍摄的。

◑ 图为和平号空间站正在进行最终布局，此时已经在 NASA—和平项目期间添加了光谱号和自然号模块。

◑◑ 这张照片摄于 1994 年莫斯科的克伦尼切夫（Krunechev）工厂，十几架质子号火箭正在等待发射大型有效载荷，如和平号空间站和国际空间站的模块。

◑ 在 1994 年的克伦尼切夫工厂，图中显示的几个模块将会成为和平号轨道空间站上的最后一批模块，也是国际空间站上的第一批模块。

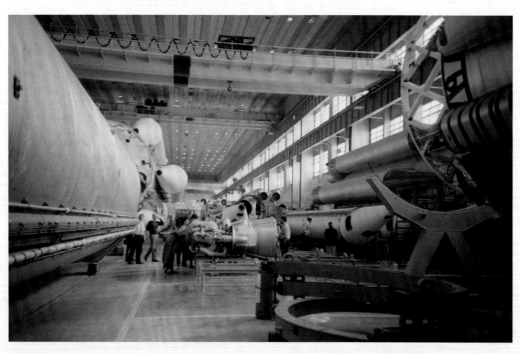

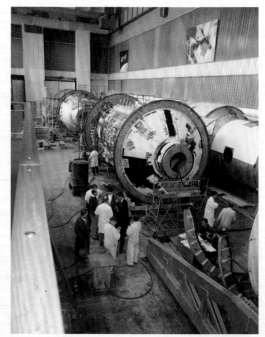

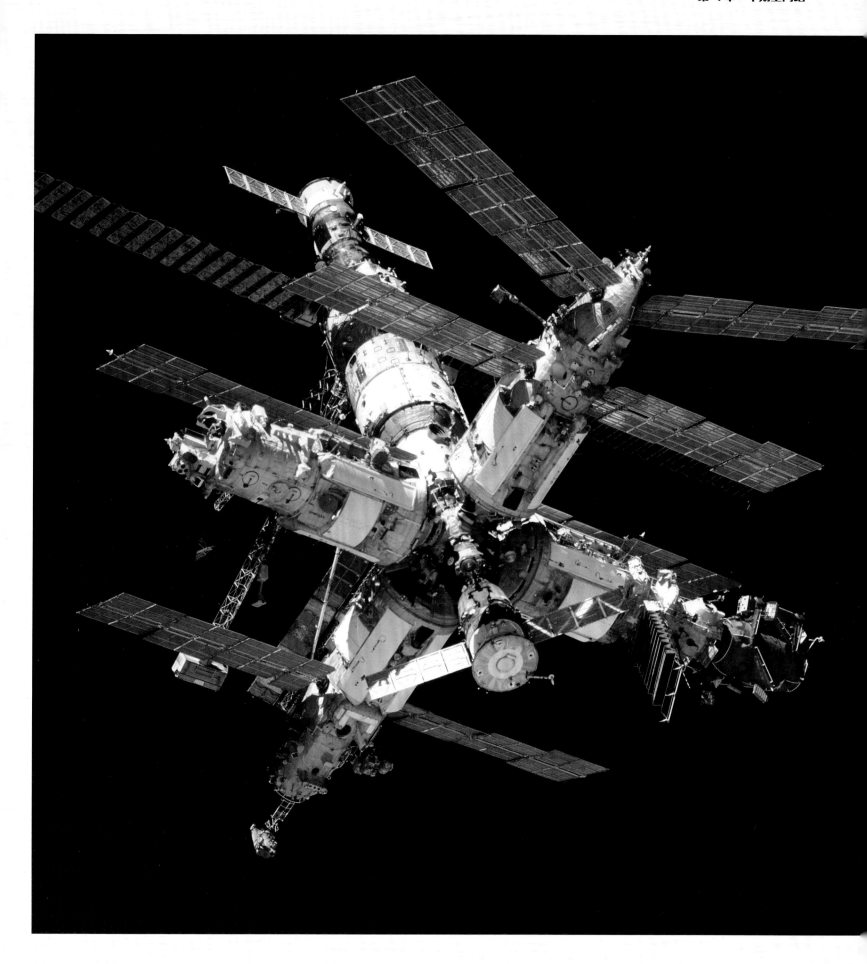

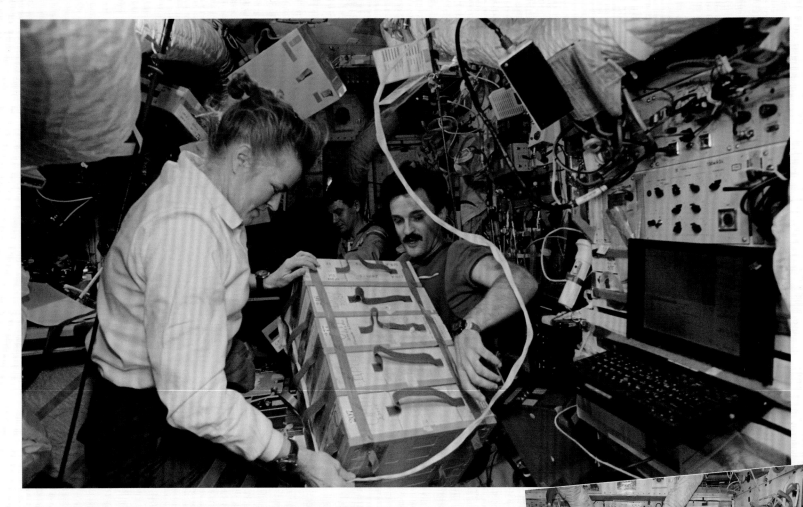

1986 年 2 月 20 日，核心模块由质子号火箭从拜科努尔（Baikonur）发射升空。首批宇航员在不到一个月后抵达。莱奥尼德·基齐姆（Leonid Kizim）和弗拉基米尔·索洛维耶夫（Vladimir Solovyev）会在此停留两个月。索洛维耶夫在返回地球之后，成为整个和平号项目期间俄罗斯任务控制中心的主要飞行指挥官之一。1987 年，也就是核心模块发射一年后，添加了第一个名为"量子号"（Quant）的专门模块。量子号和 1989 年增加的第二个模块"量子 2 号"都用于天体物理学和环境监测实验。1990 年又增加了第三个专门模块水晶号（Kristal），用于材料加工、地球观测和生物实验。

俄罗斯曾经希望利用暴风雪号航天飞机来为和平号提供后勤支援。暴风雪号的第一次试飞是在 1988 年，当时它进行了一次绕地球一周的无人飞行——但随着苏联解体，俄罗斯对太空计划的投资放缓，俄罗斯人发现负担不起暴风雪号所需的费用，于是它再也没飞过。

和平号则继续运行，依靠联盟号和进步号航天器为其提供后勤支援，几乎连续 9 年不曾空闲过。在和平号空间站 15 年的使用寿命当中，仅有 5 段短暂的空档期无人在内活动。

∞ 香农·卢西德（Shannon Lucid）和亚历山大·卡雷利（Alexander Kaleri）及瓦列里·科尔尊（Valeriy Korzun）在和平号空间站上。卢西德正在准备空食品托盘，打算用美国航天飞机送回地球。在她的第 5 次太空飞行中，卢西德总共在太空中度过了 188 天，其中有 179 天是在和平号上度过的。当时，卢西德保持着美国人在太空中停留时间最长的记录。

⌂ 香农·卢西德在和平号基础模块（或称核心模块）的跑步机上锻炼。图中右侧是替换她的宇航员约翰·布拉哈（John Blaha），他正在研读日常任务计划。布拉哈原为美国空军上校，后来成了 NASA 的一名宇航员，执行了数不清的航天飞机任务，并在和平号空间站上驻留了 4 个月。

⊙ 和平号第 22 远征队及 STS-81 任务机组人员。

⊙ 尤里·奥努弗里延科（Yuri Onufrienko）——和平号第 21 远征队指挥官——在和平号基础模块（核心模块）内，照片摄于 1996 年 3 月。在这张照片中还可看到和平号空间站的节点舱，空间站的大部分其他模块都停靠在此。

⊙ 1997 年 6 月 25 日，一艘无人驾驶的进步号补给飞船与光谱号相撞，损坏了如图所示的太阳能电池阵列，并导致模块减压。漏气现象始终没有得到修复，该模块也始终不曾恢复使用。

航天飞机 - 和平号

1991 年，美方要求俄罗斯航天飞机项目的负责人考虑一下，是否可以让一名俄罗斯宇航员搭乘航天飞机升空，并共同进行一次太空行走。次年年初，航天飞机项目组对航天飞机及和平号空间站联合任务进行了评估。美俄双方进行了数次会谈，解决了若干技术问题，并就在美国航天飞机上使用俄罗斯对接系统达成了一致意见。该计划的内容包括美国宇航员和俄罗斯宇航员搭乘对方的航天器飞行，并以一架航天飞机实现与和平号对接任务而告终。

1

2

3

当发现急需换取现金的俄罗斯人正在出售他们的技术时，新任美国总统比尔·克林顿提出愿为航天飞机飞往和平号的一系列飞行承担费用。这些飞行还将有助于俄罗斯人融入正在进行中的空间站计划。这被称为国际空间站的第一阶段。

文化问题

还有一些微妙的文化问题。自 1988 年以来，欧洲人、日本人和加拿大人一直在参与空间站项目，他们不明白，这一系列新的飞行任务怎么就变成了一个正在进行的项目的"第一阶段"。俄罗斯人对于空间站的用途抱有不同的理念，和平号空间站被视为人类的前沿哨所。而按照美国人的理念，空间站是进行科学、技术和商业研究的设施。美国航天飞机的短期飞行任务总是安排得满满当当，集中围绕着某些任务来进行，通过是否成功完成了日程表上的预定行动来衡量表现情况。俄罗斯人的长期任务则依照长远的理念来进行——即便今天没有完成任务，宇航员明天还可以继续工作。

第一阶段可以提供实践机会，让不同的文化携手并行，发展共同的工作关系，拓展协议和合同，并对彼此航天器的硬件安全加以审批。最初的协议是进行一次航天飞机 - 和平号对接飞行。NASA 局长表示要再增加两项任务，然后就关于如何将俄罗斯和平号的模块改造为美国的研究模块以及 10 架次飞往和平号的航天飞机的合同进行了磋商。

4

⑤

① 1998 年 1 月 26 日，和平号上最后一位长期驻留的美国宇航员安迪·托马斯（Andy Thomas）搬进了他位于自然号模块中的宿舍。右侧白色的货物转移袋里装着他的私人物品和实验内容。等这些袋子逐渐腾空后，就可以折叠起来，以方便存放。

② 香农·卢西德和约翰·布拉哈正在辛勤工作，二人在和平号空间站的自然号模块内进行工作交接。两名宇航员正在检查美国微重力手套箱，这一密闭环境用于研究

危险材料。自然号经过改装，增加了大量精密的美国系统，以支持和平号上开展的研究。

③ 1995 年 7 月，航天飞机 STS-71 任务指挥官罗伯特·"胡特"·吉布森（Robert "Hoot" Gibson，左）与和平号第 18 远征队指挥官弗拉基米尔·德朱洛夫（Vladimir Dezhurov）在和平号的基础模块（核心模块）内工作。

④ 执行航天飞机 STS-89 任务的宇航员乔·爱德华兹（Joe Edwards）与萨里赞·沙

里波夫（Salizan Sharipov）在太空生活舱模块内，他们正准备将一个陀螺仪带到和平号上进行更换。陀螺仪内包含一个巨大的旋转飞轮，使用电力而不是火箭燃料来为空间站确定方向。

⑤ 1995 年 7 月 4 日，在执行 STS-71 任务期间，美国亚特兰蒂斯号航天飞机与和平号空间站首次连接到了一起。

⑥ 在和平号上的水晶号模块内，香农·卢西德正观察温室里小麦的生长情况。

⑥

第 5 章

国际空间站

国际空间站（ISS）是有史以来最大的航天器，是人类在近地轨道上的立足点。这座前哨站的长度相当于一个美式足球场，其中可居住空间容积比波音 747 内部还要大。自 1998 年以来，国际空间站始终有人类居住，保障了大量科学研究的进行，并为未来的深空任务打下了基础。

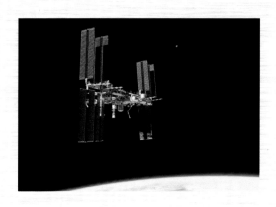

（左图）2010 年 2 月 19 日，执行 STS−130 任务的一名机组人员从奋进号航天飞机上拍下了这张照片，图中为国际空间站，背景是地球上的地平线及黑暗的太空。

（上图）2011 年 7 月 19 日，NASA 航天飞机在最后一次执行任务时，从一个倾斜角度拍下了这张照片，国际空间站下方为地球，上方为月球。

国际空间站

国际空间站是人类首次成功在地球之外建立起的一座永久性的前哨站。最终，通过国际社会的通力合作，国际空间站的建设才成为可能，这座名副其实的国际性空间站不仅仅是一个用于科学实验的平台，轨道实验室的组装既需要宇宙空间合作的发展和成熟，也需要新的外交关系作为基础。

⬢ 2009 年 3 月 25 日，在为国际空间站安装了第 4 套也是最后一套太阳能电池阵列翼之后，STS-119 任务的机组人员在发现号航天飞机上拍下了这张照片，其中国际空间站与地球形成了戏剧性的对位。

2015 年 11 月，国际空间站宇航员奥列格·科诺年科 (Oleg Kononenko) 评论道："在我看来，我们取得的主要成就在于，地面上的人听不到彼此的声音，也看不到对方；而在太空中，这是不可能的。"在国际空间站的载人飞行持续了 15 年之际，他发表了这样深刻的言论。他通过无线电向地球传达了这些话："每个人都很重要，这个项目能否成功——有时甚至是连我们的生命能否延续下去——都取决于我们每一个人的所作所为。这正是如何实现合作的完美范例。"

拼凑成形

国际空间站的建造一开始很简单。1998 年 12 月，俄罗斯和平号空间站的推进模块得到再利用，在地球轨道上与美国建造的多端口节点舱相连。在此基础上又增加了俄罗斯和美国的"房间"，以及来自日本、加拿大和多国联合组成的欧洲航天局的组件。这些部件连接到一起，安装到一个多节桁架上——这根主干部件的长度相当于一个美式足球场。

桁架两端部署了 4 个庞大的太阳能阵列翼，以产生足够的电力，供空间站上的生命支持和科研设施运行。国际空间站的建造前后共耗费了十余年时间，发射了 100 多枚火箭，由 200 多名来自不同国家的宇航员共同完成。2011 年 5 月，NASA 宇航员马克·凯利 (Mark Kelly) 宣布："空间站已经组装完毕。"不过，其实还有若干部件是在此之后才添加的，还有一些部件当时尚在计划当中。或许最为引人注目的一点在于，组成空间站的大多数主要部件都只有在进入太空之后，才能与其他连接部件一道进行测试。这就像是在组装一个巨大的拼图玩具，其中的每一块都是由不同的拼图制造商单独设计的，等买下拼图之后，才第一次把它们组装到一起。

> 我们在这里做了很多实验，但我认为，最重要的一项实验正是针对国际空间站（本身）的，它作为一架轨道航天器，可以让人类在太空中生存很长一段时间。
>
> ——斯科特·凯利（Scott Kelly），
> 国际空间站第 45 远征队指挥官

为了地球，离开地球

国际空间站的建设为各国如何开展合作提供了新的经验。它还促进了舱外活动、在轨道上维护关键性生命支持系统及故障排除等方面的技术进步。当主体组装完毕并将重点转移到应用上之后，国际空间站开始实现既定目标——提供一座与其他可用实验室有所区别的实验室。

在最初的 20 年里，国际空间站为来自 100 多个国家的 2000 多个研究项目提供了支持，研究内容涉及生物学、生物技术以及技术开发与示范等五花八门的领域。它协助生产了沙门氏菌疫苗，帮助

⚬ 国际空间站第 45 远征队的美国、俄罗斯和意大利船员与 15 个国家的国旗合影留念。这些国家均为国际空间站的合作伙伴国。

▷ 2014 年 3 月 27 日，俄罗斯"联盟号 TMA-12M"宇宙飞船正在靠近国际空间站对接点，从窗口望去，国际空间站正在逐渐变大。

⚬ 2014 年 3 月，欧洲航天局宇航员亚历山大·格斯特（Alexander Gerst）拍摄了这张富有情调的照片，国际空间站内部沐浴在绿莹莹的 LED 灯光下，在夜色里闪闪发光。

我们进一步理解了火焰和液体在微重力环境下的表现，并被用作探测暗物质（宇宙中"缺失"的质量）的平台。

在国际空间站上进行的商业研究在材料制造方面开创了改进后的新技术，为未来的航天器开发出了经过验证的设计，并为性能更优越的机器人系统做出了贡献。最重要的是，它还让我们对自己的身体有了更深入的了解。作为研究对象的各国宇航员发现了长期暴露于微重力环境下存在的新风险，除了骨质流失和肌肉萎缩之外，体内压力还会导致视力受损。同时，他们也摸索出了一些行之有效的方法，以便克服未来在太空探索中可能遇到的一些障碍。针对基因水平的研究也促使我们加深了对重力如何影响人类发展的认识。

将人类活动拓展到地球之外

国际空间站不仅仅是工程学奇观、一座世界级实验室，在其最基本的意义上，对于在空间站上驻扎数月的宇航员们而言，这里也是他们在地球之外的家园。在历经了 50 多次远征队任务之后，国际空间站对各国宇航员从各自的祖国带来的传统精华兼收并蓄，将其融会贯通，形成一种独一无二的太空新文化。

每周日晚上的"共进晚餐"活动保留了下来，还引入了全新的物物交换元素，俄罗斯人用罐装肉来交换美国人的恒温甜点。电影和电视不仅是娱乐来源，也是一种监测与地球之间通信状况的机制。类似演奏乐器和个人摄影这样的消遣也具备了新的意义，不仅是一种艺术表达方式，还成了与地球上每一个人分享航天经验的渠道。

社交媒体和直播视频为"地球人"提供了一条可持续的传播途径，让他们体验一下在太空中生活的感觉，而下方我们地球家园的景象则不断地重新定义着我们对于自身及在宇宙中所处位置的认识。

未来的试验台

在后来的岁月中，国际空间站已成为测试人类未来在地球轨道上及远空中表现情况的试验场。自费前往在轨前哨站的任务证明，太空旅游拥有市场，而商业有效载荷的增加，尤其是通过在空间站内的美国舱段设立一座国家实验室，又为建设商业化运营的独立空间站提供了早期的测试范例。

除了研究微重力环境对人体的影响之外，国际空间站还提供了一个平台，用于测试自给自足的生命支持系统，这些系统将被用于未来重返月球及前往火星和小行星的任务。要让宇航员在远离地球的地方生存，废水循环利用系统、氧气制造系统和二氧化碳净化系统至关重要。地球上正在研发相关的先进设备，在空间站上维持此类硬件运行时所经历的考验和磨难使研发工作得到了完善。

国际空间站开放的对接端口也对未来有所贡献，为来自两国和由两家公司研制的首艘自动化货运飞船提供了停靠地点，还对首艘私人制造并运营的载人飞船开发有所助益。国际空间站甚至可能改变未来空间站的形态，增加了第一个可扩展（或称可充气）模块。

空间站曾是人类活动范围之内危险重重的边缘地带，但国际空间站为我们最终向外太空探索奠定了坚实的基础。

设计一座国际空间站

此前的几个太空前哨项目已经表明，设计一座由单一国家建造并管理的空间站本身就是一项挑战。国际空间站不仅需要解决此类轨道平台所共有的工程及后勤需求，还要整合多个合作伙伴的理念和原则，这些参与项目的合作伙伴各自有其独特的设计理念和设计方式。

国际空间站的设计在某些方面完全取决于组成部件如何进入轨道。无论是由美国、日本还是欧洲开发，美国舱段模块的尺寸都须与美国航天飞机有效载荷舱内的空间相适应，才能发射升空。而除了俄罗斯舱段的一个组件以外，其余所有组件都须与美国火箭兼容。

采用共通并互补的工程系统，才能让空间站的各个模块作为一个整体发挥作用。美国舱段这一侧的每个房间里，都设计了一个模块化的机架系统，这样一来，在空间站投入使用期间，就可以更方便地替换科研设施和不断更新的生命支持设备。在设计中也有心理学方面的考虑，作为一处生活空间，模块的布局需要考虑配色方案及硬件朝向等细节。在太空中或许没有所谓的"上面"一词，但既然有地面、天花板、舱壁及朝向地球的地面，国际空间站基本上还是有一个共同方向的。

⬥ 国际空间站房间的大小受到航天飞机有效载荷舱尺寸的限制。图为 2008 年 6 月，发现号运送日本希望号实验舱的情景，这是空间站上体积最大的一个模块。

⬥ 国际空间站实验室的舱壁上排列着实验机架。图为 2008 年第 17 远征队飞行工程师、NASA 宇航员格雷格·查米托夫（Greg Chamitoff）与指挥官俄罗斯宇航员谢尔盖·沃尔科夫（Sergei Volkov）正在重新放置一个机架。

⬥ 图为和谐号节点舱 2 内部，照片摄于 2007 年航天飞机执行 STS-120 任务期间，此时节点舱已与国际空间站连接完毕。节点舱带有多个端口，以便将模块连接到这座前哨站上。

⊙ 第 32 远征队飞行工程师星出彰彦（Aki Hoshide）在一道通用停靠机构（CBM）舱门后，这是发射到太空中的最大一扇"门"。CBM 连接着国际空间站美国舱段的所有模块。

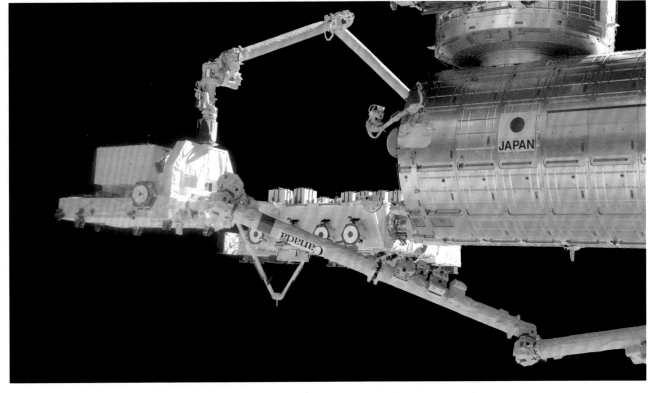

◗ 国际空间站外部使用了机械臂来对这座前哨站进行组装和维护。这张照片中同时出现了希望号实验舱外的日本 JEM– 机械手系统与空间站上的加拿大臂 2 号，摄于 2009 年。

测试和开发

组装国际空间站需要准备和发射 150 多个单独的组件，这些组件必须全部装配到一起，其中有许多组件是在进入轨道后才首次进行组装的。国际空间站规模庞大，且属于国际合作的产物，加之建造空间站所需的时间，导致我们无法在地球上将空间站建好。

为了准备由美国航天飞机发射的模块、桁架部分及其他硬件，NASA 在佛罗里达州的肯尼迪航天中心建起了一座面积达 42 500 平方米的空间站加工厂（Space Station Processing Facility，简称 SSPF）。该加工厂为关键组件在发射前的准备和模拟集成测试工作提供了无尘室级别的设施。在国际空间站的建造过程中，需要进行三次主要测试。美国的命运号实验舱

○ 在 NASA 位于佛罗里达州肯尼迪航天中心的空间站加工厂中，一名工作人员正在检查穹顶舱模块（左）与宁静号模块（右）的对齐情况。

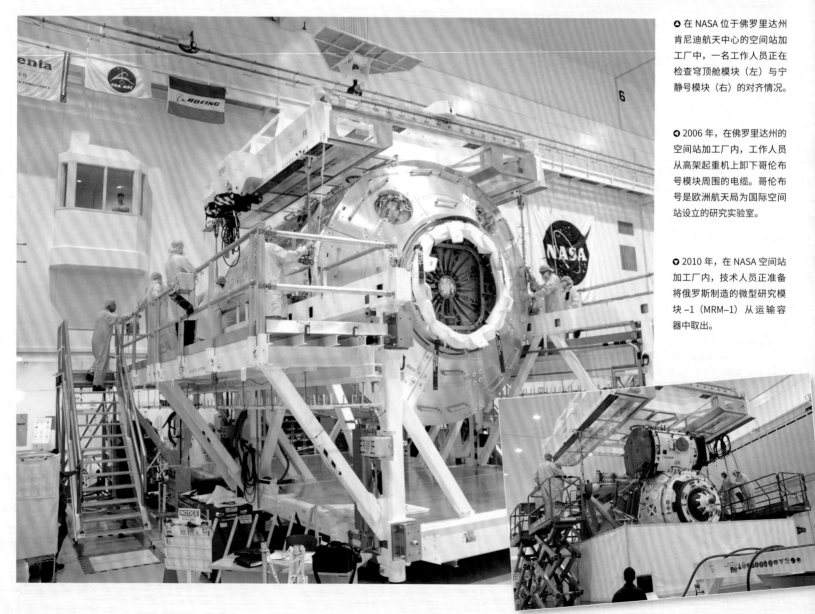

○ 2006 年，在佛罗里达州的空间站加工厂内，工作人员从高架起重机上卸下哥伦布号模块周围的电缆。哥伦布号是欧洲航天局为国际空间站设立的研究实验室。

○ 2010 年，在 NASA 空间站加工厂内，技术人员正准备将俄罗斯制造的微型研究模块 -1（MRM-1）从运输容器中取出。

集成了两段主干桁架以及已经发射升空的团结号节点舱 1 的一个模拟器。针对桁架的其他部分和移动运输车（后者将用作空间站机械臂"加拿大臂 2 号"的轨道车）以及日本的实验舱模块与和谐号节点舱 2，也会进行类似的多元件集成测试（Multi-Element Integration Testing，简称MEIT）。这些测试和随后的模拟试验有助于在模块真正进入轨道之前发现问题，并验证关键的电力和冷却系统功能与设计是否相符。

◐ 美国和谐号节点舱 2（左下角）与日本希望号实验舱的首个加压模块已做好发射准备，该图在 2003 年摄于佛罗里达州空间站加工厂。

◖◗ 2007 年，国际空间站加工厂中，一台高架起重机将国际空间站整体桁架的一段从工作台上吊起，以便进行发射。

曙光号进入轨道

1998 年 11 月 20 日，国际空间站首个进入地球轨道的部件搭乘质子号 –K 火箭，从哈萨克斯坦拜科努尔航天发射场升空。该功能货舱（Functional Cargo Block，或称 FGB）被恰如其分地命名为"曙光号"（俄语"Zarya"，英语"Dawn"），由位于莫斯科的赫鲁尼切夫州研究与生产空间中心遵照与波音公司签署的一项合同而建造。尽管是在俄罗斯组装和发射，这一功能货舱却是由美国出资建造的，所有权也属于美方。该模块长 13 米、宽 4 米，配备 3 个对接口，带有制导、推进和电力系统（通过两个太阳能电池阵列来发电），并为国际空间站的早期组装阶段提供存储空间。该功能货舱最初是为前和平号空间站开发的，后经改装用于国际空间站。曙光号配备了发动机和推进器，以便维持轨道不变，直到增添了后来发射的模块为止。它的推进剂贮箱后被用于为空间站上其他俄罗斯舱段的发动机储存燃料。作为国际空间站最早发射的组件，曙光号最初预计的在轨寿命为 15 年。由于国际空间站预计将继续运行到 2024 年，它的实际运行期至少会超出其设计年限 10 年。

○ 1998 年 11 月 20 日，一枚俄罗斯质子号 –K 火箭从哈萨克斯坦的拜科努尔航天发射场发射升空，火箭上携带着国际空间站的第一个组件——曙光号功能货舱。

○ NASA 宇航员南希·科里 – 格雷格（Nancy Currie-Gregg）和俄罗斯宇航员谢尔盖·克里卡列夫（Sergei Krikalev）同为 STS–88 任务机组成员。图为 1998 年，在曙光号模块的初始安装过程中，两人正使用电动工具来对固定装置进行松紧调整。

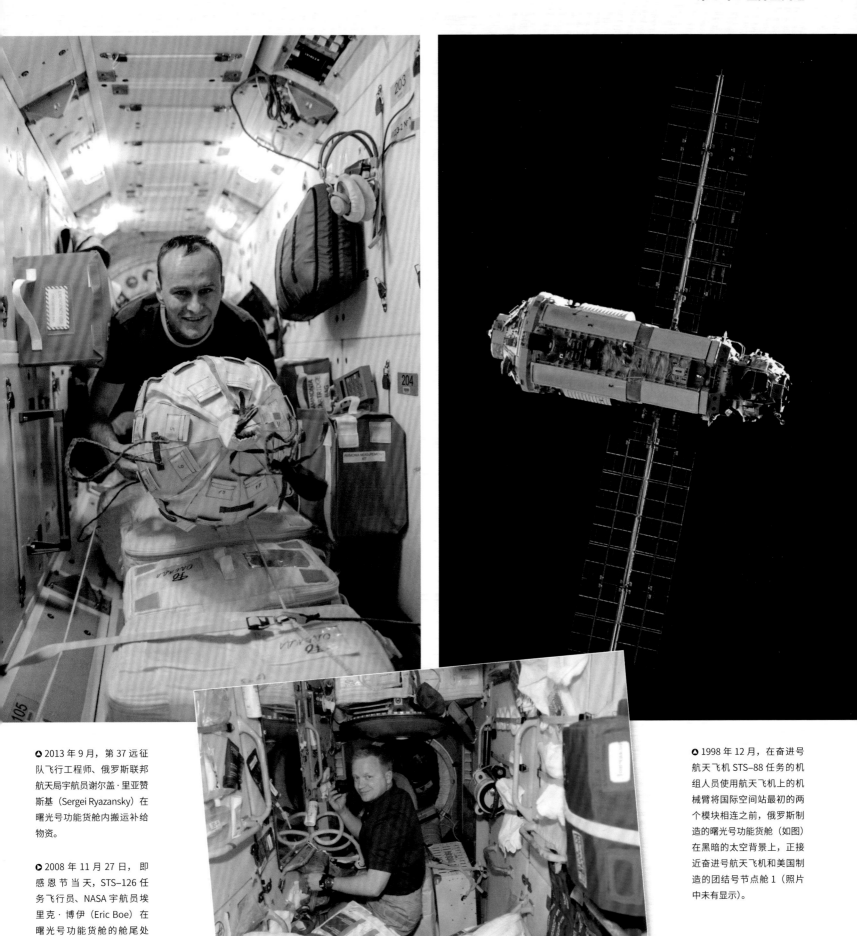

🔺 2013 年 9 月，第 37 远征队飞行工程师、俄罗斯联邦航天局宇航员谢尔盖·里亚赞斯基（Sergei Ryazansky）在曙光号功能货舱内搬运补给物资。

🔻 2008 年 11 月 27 日，即感恩节当天，STS-126 任务飞行员、NASA 宇航员埃里克·博伊（Eric Boe）在曙光号功能货舱的舱尾处剃须。

🔺 1998 年 12 月，在奋进号航天飞机 STS-88 任务的机组人员使用航天飞机上的机械臂将国际空间站最初的两个模块相连之前，俄罗斯制造的曙光号功能货舱（如图）在黑暗的太空背景上，正接近奋进号航天飞机和美国制造的团结号节点舱 1（照片中未有显示）。

组装

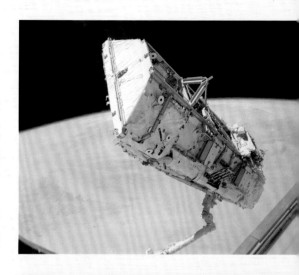

　　国际空间站的组装被称为工程学奇迹。整个组装过程始于 1998 年 12 月 6 日，俄罗斯曙光号功能货舱与美国团结号节点舱 1 对接。NASA 宇航员南希·科里－格雷格用奋进号航天飞机的机械臂抓住了曙光号，并与团结号上的对接装置对齐。STS-88 任务指挥官鲍勃·卡巴纳（Bob Cabana）随后点燃了轨道航天器的推进器，将两个模块结合在一起。当刚刚诞生的国际空间站与航天飞机飞越南太平洋时，卡巴纳用无线电播报道："我们捕获了曙光号。""祝贺奋进号全体机组人员，"休斯敦的地面指挥中心答复道，"太棒了。"

　　还需再经过十多年，才能添加完毕空间站的另外 9 个模块和 11 段骨干桁架、4 个用来供电的太阳能主阵列翼以及其他支持性组件，包括加拿大机械臂"加拿大臂 2 号"和日本的暴露设施，后者犹如一道门廊，暴露于真空中的实验在此进行。即使是在 2011 年宣布空间站"完工"之后，空间站上仍在继续添加组件。2016 年，又增加了一个实验性的商用可扩展模块。俄罗斯还有一个名为"科学号"（Nauka）的多用途实验舱模块有待发射。

◐◐ 2002 年，在航天飞机运抵后，国际空间站上的宇航员用加拿大臂 2 号机械臂安装了空间站主干桁架的 S-0（S-Zero）段。

◐ 1998 年 12 月，奋进号航天飞机 STS-88 任务的机组人员开始了国际空间站的建造工作，将美国制造的团结号节点舱 2 与俄罗斯曙光号功能货舱连到一起。

◐ 2001 年 2 月 10 日，亚特兰蒂斯号航天飞机及国际空间站的机组人员成功地将美国命运号实验舱安装到了空间站上。该实验舱为空间站增加了 108 立方米的容积，使舱内的生活空间扩大了 41%。

◔ 毕格罗可扩展活动模块
（BEAM）于 2016 年 4 月 16
日添加到了国际空间站上，
充气室连接在宁静号节点舱
3 的尾部端口处。

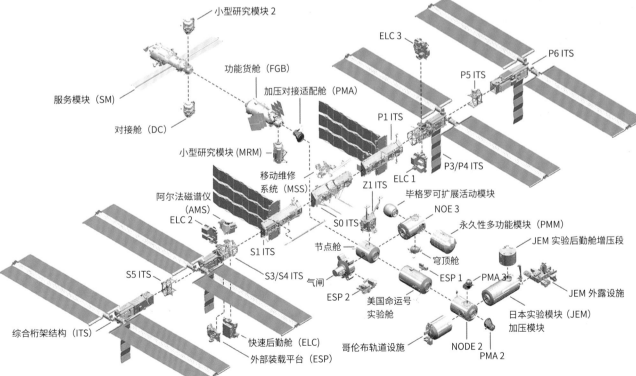

小型研究模块 2

ELC 3

P6 ITS

P5 ITS

服务模块（SM）

功能货舱（FGB）

加压对接适配舱（PMA）

P1 ITS

对接舱（DC）

小型研究模块（MRM）

P3/P4 ITS

移动维修
系统（MSS）

ELC 1

阿尔法磁谱仪
（AMS）

Z1 ITS

毕格罗可扩展活动模块

ELC 2

NOE 3

永久性多功能模块（PMM）

S0 ITS

节点舱

穿顶舱

JEM 实验后勤舱增压段

S1 ITS

气闸

ESP 1

PMA 3

S5 ITS

S3/S4 ITS

ESP 2

JEM 外露设施

◔ 国际空间站的部件分解图，
图中展示了这座轨道前哨站
是如何在 1998 年到 2016 年
间组装到一起的。主干桁架
上方为俄罗斯舱段，美国舱
段则位于桁架前方。

综合桁架结构（ITS）

快速后勤舱（ELC）

外部装载平台（ESP）

美国命运号
实验舱

哥伦布轨道设施

NODE 2

PMA 2

日本实验模块（JEM）
加压模块

舱外活动

　　"我还记得，在国际空间站诞生之前，我们谈论着为了完成组装，需要进行百余次甚至数百次舱外活动，以为这无异于攀登一座巍巍高山。"2007年12月，在为国际空间站的组装及维护工作执行完第100次太空行走之后，第16远征队的宇航员丹·塔尼（Dan Tani）如是说。舱外活动通常被称为"太空行走"，对国际空间站的组装和运行至关重要。固然可以使用机械臂将模块和组件接合到一起，但有许多电力和冷却系统的电缆需要各国宇航员亲手连接，空间站可以通过这些电缆操作航天器。太空行走还可安装舱外摄像头及实验包，并在必要时（有时是在紧急情况下）修复和更换故障部件。

　　国际空间站外的太空行走使用了两种类型的太空服。从俄罗斯舱段出舱的宇航员穿的是海鹰宇航服，类似于礼炮号与和平号空间站上使用的太空服；而从美国寻求号（Quest）气闸出舱的NASA宇航员及其国际伙伴穿戴的是模块化的舱外移动单元（Extravehicular Mobility Units，简称为EMUs），这是在航天飞机项目中首次使用的太空服。2017年5月12日，NASA宇航员杰克·费希尔（Jack Fischer）和佩吉·惠特森（Peggy Whitson）共同完成了国际空间站保障工作所需的第200次太空行走。巧合的是，惠特森在十年前也与丹·塔尼一起进行了第100次太空行走。

◑ 2013年11月，第37远征队飞行工程师奥列格·科托夫（Oleg Kotov）正在进行太空行走，以建立组合式舱外活动工作站及双轴指向平台。

◑ 宇航员奥列格·科诺年科（左）与安东·什卡普洛夫（Anton Shkaplerov）均为第30远征队飞行工程师，他们使用施特雷拉2号（Strela–2）起吊杆，将施特雷拉1号（Strela–1）起重机从码头号对接舱移出来。

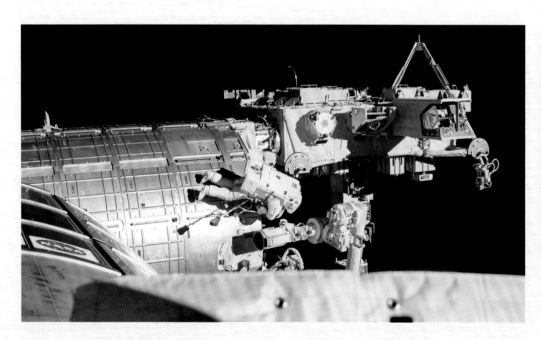

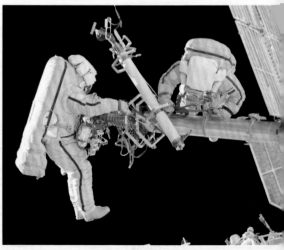

◑ 2017年5月12日，为执行国际空间站的组装和维护工作，NASA宇航员杰克·费希尔在日本希望号实验舱模块外进行第200次太空行走。

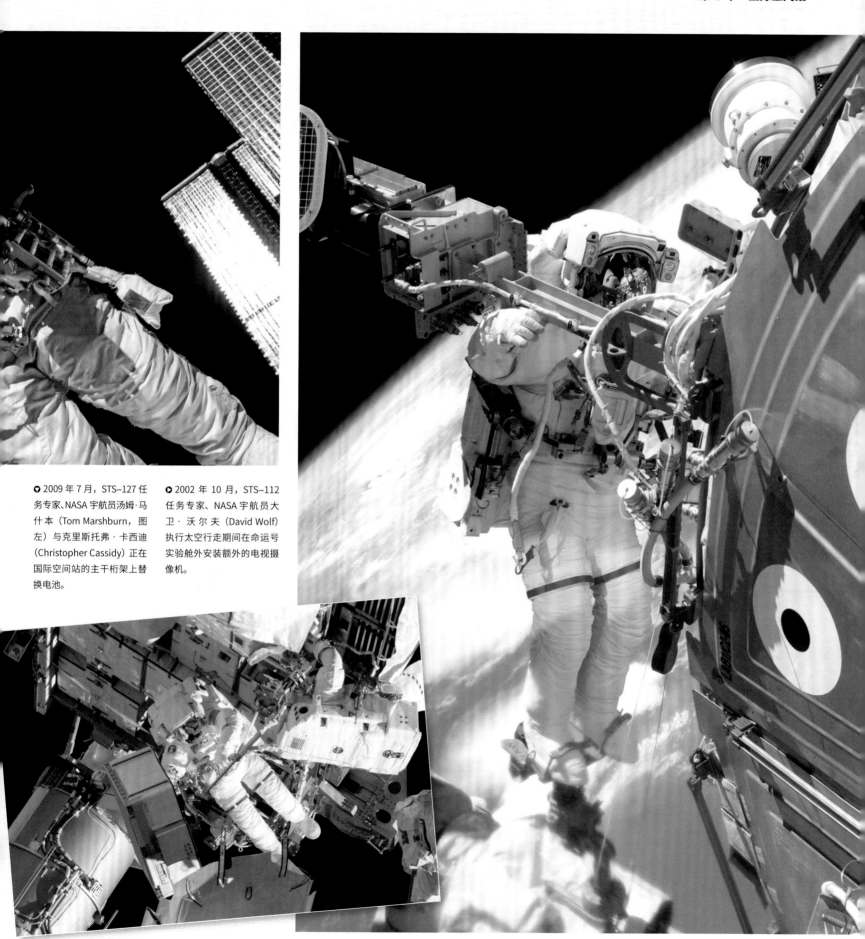

◐ 2009 年 7 月，STS-127 任务专家、NASA 宇航员汤姆·马什本（Tom Marshburn，图左）与克里斯托弗·卡西迪（Christopher Cassidy）正在国际空间站的主干桁架上替换电池。

◐ 2002 年 10 月，STS-112 任务专家、NASA 宇航员大卫·沃尔夫（David Wolf）执行太空行走期间在命运号实验舱外安装额外的电视摄像机。

国际空间站内部

国际空间站是宇航员的家园、用于科学研究的微重力实验室、观测地球和宇宙的天文瞭望台，也是未来探索技术的试验平台。因此，无论查看其中的哪一个模块，对于空间站的总体用途可能都会形成一种复杂的印象。2012 年 10 月，NASA 宇航员苏妮塔·"桑妮"·威廉姆斯（Sunita "Suni" Williams）在国际空间站度过了她的第一个 100 天。

①

① 2008 年 8 月，国际空间站上第 17 远征队的一名宇航员拍下的俄罗斯星辰号服务舱内部全景。

② 图为 2005 年 4 月，国际空间站第 10 远征队的一名宇航员拍摄的存储于俄罗斯曙光号功能货舱内的补给物资和设备。

③ 摄于 2005 年国际空间站的团结号节点舱 1 内，装载袋内被装入了加压配套适配器 1，食品罐则靠着舱壁排列。

④ 2014 年，欧洲航天局宇航员亚历山大·格斯特拍摄的命运号实验舱内景。图中可见 NASA 宇航员里德·怀斯曼（Reid Wiseman）正在打扫空间站，这是所有宇航员每周六都要干的杂活。

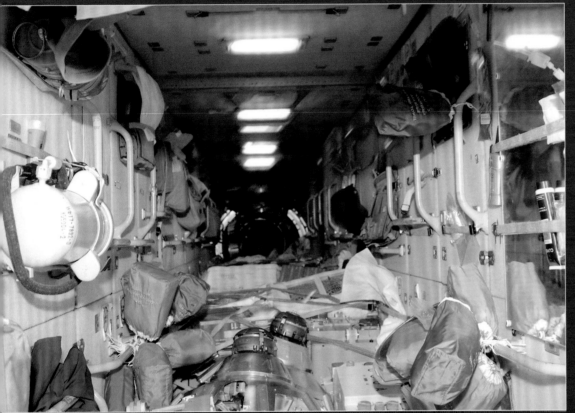
②

③

科研设施和生命支持硬件安装在大小与冰箱相当的模块化机架上，美国舱段内众多房间的内舱壁上都排列着这样的机架。这些可拆卸的固定装置可以从船体中取出，以便进行维护，也可在模块的外舱壁遭微陨石撞击损坏时应急。但在大多数时候，这些装置形成了模块内工作区的内部边界。

这些机架为燃烧室、植物种植设施、动物研究生态环境和微重力科研手套箱提供了支持。微重力科研手套箱是一种带有视窗的容器，预装了手套，用于处理危险材料，同时将其与空间站上的空气隔离开。这些机架还可作为其他科研设施的安装点，也可安装笔记本电脑，用于操作并记录实验数据、控制空间站的外部机械臂及监控这一太空前哨站上的各个系统。宇航员们在国际空间站上生活和工作了数十年，带来又留下了一些贴纸和小装饰，为他们用过的架子增添了一些特色。威廉姆斯说："我们的小玩意儿分散在各处，我们知道它们在什么地方。"

宇航员居住舱

为了给宇航员们提供居住舱，在美国舱段安装了四个小"舱室"，在俄罗斯舱段一侧也另行安装了两个类似的小隔间。居住舱提供了存放宇航员私人物品的存储空间，有一台笔记本电脑和一台平板电脑用于与地面通信（包括与他们的家人联络），有睡眠约束系统（类似于睡袋），也有照明和隔音功能。

有两个排泄及卫生隔间作为宇航员的卫生间。这些厕所依靠气流而非重力来收集排泄物，然后将其引导到存储容器中，以便随后进行清理（固体排泄物）或再利用（液体排泄物）。"我忽然想到，实际上，我们的可再生生命支持设备只不过是一台新奇的咖啡机。"2012 年 2 月，NASA 宇航员唐·佩

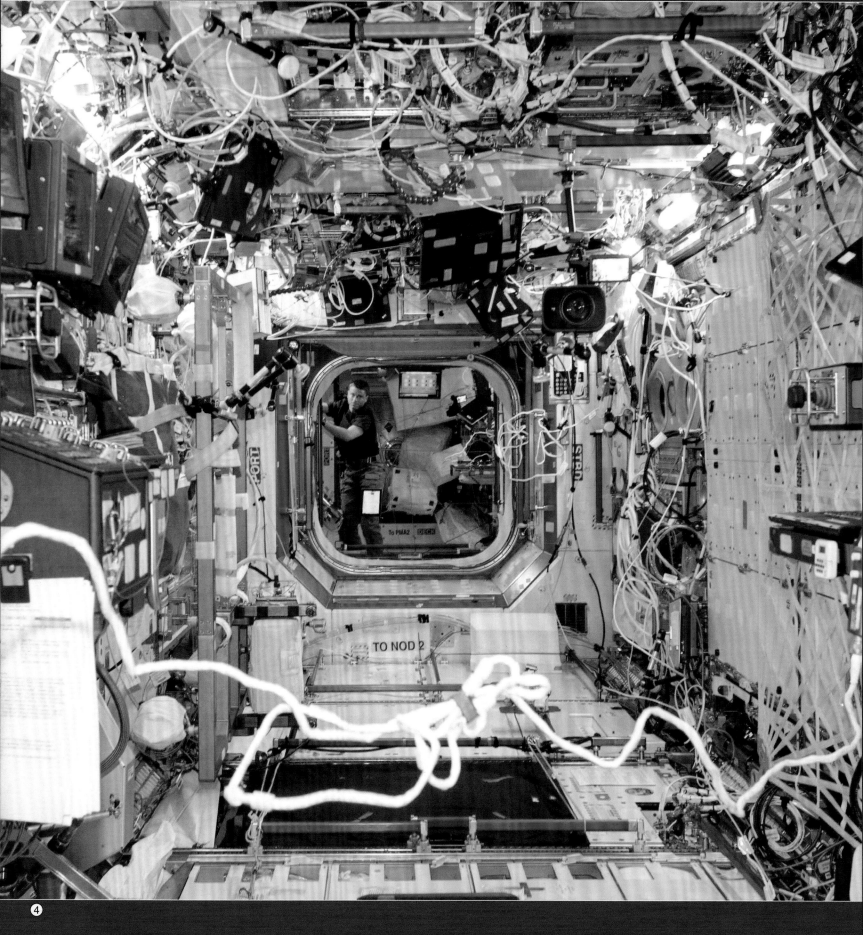

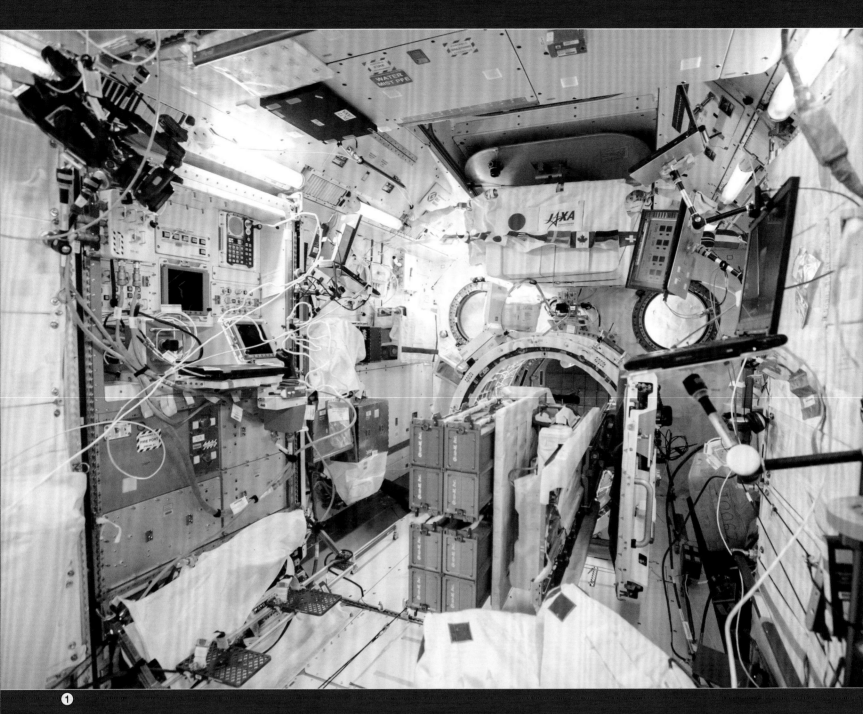

❶

蒂特（Don Pettit）在他的空间站日记中这样写道："它把昨天的咖啡变成了今天的咖啡。"

固定装置和设备

空间站上的其他主要固定装置包括宇航员的锻炼设备，在太空微重力环境下，要维持肌肉和骨骼质量，这些设备必不可少。国际空间站配备了美国设计的跑步机和脚踏车（类似于固定自行车），以及 NASA 开发的先进阻力锻炼设备（Advanced Resistive Exercise Device，简称 ARED），该设备可以在零重力的情况下模拟举重运动。

其余内舱壁（天花板和地板）的大部分空间都被储物柜和袋子占据。备用设施、储备用水和工具被绑在模块的两侧，尤其是在实验舱之间的连接通道内。额外的配载货物放置在两个指定的后勤模块以及一间原型可扩展室内——经过头两年的使用，已经验证该舱室可以安全地供宇航员使用。有几扇窗户可让宇航员对地球和空间站外部进行观察。除了国际空间站穹顶舱的 7 个窗口之外，俄罗斯的服务舱模块（星辰号，Zvezda）还有 14 个窗口，每个居住舱上各有一个。美国的实验舱（命运号）上还有一个专门用于科学研究的窗口。

国际空间站配备了 4 个气闸，其中 3 个用于支持太空行走，1 个用于通过机器人自动部署有效载荷（还有第 5 个商业有效载荷气闸，计划在 2018 年添加到空间站上）。俄罗斯方面的太空行走是从码头号（Pirs）对接舱出外；美国方面的舱外活动是从寻求号联合气闸出外，但也可帮助俄罗斯方面的太空行走。至于科学有效载荷和被称为"纳米卫星"的小型卫星，在部署时使用的则是日本实验舱模块上的希望号（Kibo）气闸。

随着空间站的发展和演化，更多的"娱乐享受"类设施被引入，使宇航员在远离地球的环境下生活

得更舒适。两台投影机和投影屏幕让各国宇航员有机会观看影视作品，也可分享培训经验。还有一台实验性咖啡机和一台面包机样机，让宇航员的食谱更为丰富，而个人平板电脑的引入则让空间站上的居民们可以更便利地使用多媒体和互联网。

① 日本宇宙航空研究开发机构（JAXA）的希望号实验舱内景，用来将各种科研有效载荷暴露于太空真空的气闸也在图中。

② 摄于 2015 年，NASA 宇航员斯科特·凯利正在向人们描述他的宇航员居住舱："这是我在国际空间站上的卧室，凡是家里有的，这儿都有。好吧，大多数都有……"

③ 欧洲航天局的哥伦布号实验舱内景，由国际空间站第40 远征队的一名宇航员摄于2014 年。

④ NASA 宇航员罗恩·加兰（Ron Garan）和卡迪·科尔曼（Cady Coleman）、欧洲航天局宇航员保罗·内斯波利（Paolo Nespoli）和俄罗斯宇航员亚历山大·萨莫库季耶夫（Alexander Samokutyaev）都是第 27 远征队的飞行工程师，在国际空间站和谐号节点舱内，4 人从各自的宇航员居住舱里冒出头来，以对称的形式摆好姿势，拍下了这张照片。

穹顶舱

　　但凡询问在 2010 年 2 月以后进入国际空间站的宇航员，他们最喜欢空间站里的哪一个房间，几乎可以肯定，他们会回答"穹顶舱"。穹顶舱由 NASA 设计，主要由欧洲航天局建造，并由 NASA 的奋进号航天飞机连同其连接的宁静号节点舱 3 一并发射。穹顶舱部分是全景控制室，部分是空间站的瞭望观测台。直径 3 米的穹顶舱上，7 扇窗户呈六角形分布，从这里望去，下方旋转的地球一览无余（穹顶舱顶部的窗户是载人航天器上有史以来最大的一扇窗）。飞行指挥官鲍勃·邓普西（Bob

○ 宁静号节点舱 3 及穹顶舱，摄于 STS–130 任务期间，这次任务将这两个组件都安装到了国际空间站上。

○ 这张照片拍摄于 2011 年 7 月 12 日，展示的是国际空间站上的穹顶舱，背景是太阳能电池阵列板的一些部件。

Dempsey）说："宇航员们虽然对你我无法确切形容的壮观景色已经习以为常，但在第一次从穹顶舱的窗口往外看时，仍然感动得流下了眼泪。"这里不仅是拍摄地球照片和沉思的首选地，宇航员们还用安装在穹顶舱上的计算机操作站来控制加拿大臂 2 号机械臂，以便捕获将货物和补给运送到国际空间站美国舱段一侧的到访航天器。穹顶舱上装有大型百叶窗，以保护窗户在不用时免受损坏。尽管如此，这项措施也未能在国际空间站运行期间防止穹顶舱的多层玻璃被微陨石撞裂。

◖◖ 2014 年 6 月，第 40 远征队的飞行工程师、欧洲航天局宇航员亚历山大 · 格斯特正透过穹顶舱的窗口欣赏地球的美景。

◖ 穹顶舱内景，国际空间站有两个机器人工作站，其中一个工作站位于穹顶舱内，宇航员们借此来操纵大型机械臂（从右边的窗口可以看到）。

机组人员

在载人运行的最初 15 年间，国际空间站上共接待过来自 17 个国家的 223 名宇航员，驻留时间从一周到 6 个月以上不等。空间站可支持 9 名宇航员长期驻留。在国际空间站的前 50 次远征队任务中，机组人员一般每次补充至少 2 人、至多 6 人。在人员构成上，俄罗斯和美国一般各占一半，后者包括来自 NASA、欧洲航天局、加拿大航天局和日本宇宙航空研究开发机构的宇航员。随着 2018 年至 2019 年引入美国商业载人航天器为空间站提供服务，轨道实验室上的人数预计将增加 1~7 名。

第 1 远征队机组人员（从左至右）比尔·谢菲尔德（Bill Shepherd）、尤里·吉德森科（Yuri Gidzenko）和谢尔盖·克里卡列夫。

第 50 远征队机组人员，摄于 2017 年。下排为（从左至右）：安德烈·鲍里申科（Andrei Borisenko）、谢恩·金姆布鲁（Shane Kimbrough）和谢尔盖·里日科夫（Sergei Ryzhikov）。上排为托马斯·派斯奎（Thomas Pesquet）、佩吉·惠特森和奥列格·诺维茨基（Oleg Novitsky）。

◐ 2013 年，第 37 远征队的 9 名宇航员集体合影留念。

◑ 2003 年，在轮班结束后的休息时间，第 7 远征队宇航员卢杰（Ed Lu）在键盘前与尤里·马连琴科（Yuri Malenchenko）一起共享轻松一刻。

2009 年 7 月，国际空间站创造了另一项纪录：在同一时间、同一艘航天器上容纳的人数最多，其中包括第 20 远征队的 6 名常驻人员和执行奋进号航天飞机 STS–127 任务的 7 名机组人员。这 13 人分别代表了 5 个国家：美国、俄罗斯、加拿大、比利时和日本。一年后，在国际空间站第 23 远征队驻留期间，随着执行发现号航天飞机 STS–131 任务的机组人员抵达，这一纪录得到重现。

训练

要成为绕地球飞行的国际空间站宇航员，首先必须环游地球，为远征做准备。一般而言，为了在国际空间站上驻留5~6个月，各国宇航员都要进行2~3年的训练（不过至少有一名NASA后来派往国际空间站的宇航员，其训练时间压缩到了短短6个月）。鉴于空间站的国际性，准备工作包括出差前往位于美国、俄罗斯、德国、加拿大和日本的训练中心。机组人员接受的训练包括操作空间站系统，控制机械臂，操控搭载他们往返轨道实验室的航天器，开展将要在轨进行的科学实验以及英语或俄语课程（或两者都有，视需求而定）。"就像是修完四年制的大学学位课程，而学习时间压缩到了两年，而且还没有暑假。"2017年接受CNN采访时，NASA宇航员唐·佩蒂特这样说。他曾在国际空间站上执行过两次远征任务，驻留时间超过300天。

宇航员们在中性浮力实验室里进行模拟太空行走的水下练习。他们还要进行生存训练，以防在着陆时偏离预定的着陆地点，还需接受空间站模块的模拟训练，以熟悉这个庞大的在轨综合体的布局。

⬤ 指导员里根·切尼（Regan Cheney，右）在约翰逊航天中心的航天器模拟设施中协助第36/37远征队宇航员卢卡·帕尔米塔诺和凯伦·尼伯格进行训练。

◐◑ 宇航员特里·维尔茨（Terry Virts）在得克萨斯州休斯敦的约翰逊航天中心中性浮力实验室里进行水下训练，模拟舱外活动（或太空行走）。

◐ 第46远征队宇航员蒂姆·科普拉（Tim Kopra，左）和蒂姆·皮克（Tim Peake）在约翰逊航天中心的航天器模拟设施中进行紧急情况应对训练。

◐ 在俄罗斯星城，第 31 远征队宇航员乔·阿卡巴（Joe Acaba，右）、谢尔盖·雷文（Sergei Revin）和根纳季·帕达尔卡（Gennady Padalka）进入联盟号飞船模拟器，以便进行训练。

◓ 在俄罗斯星城的加加林宇航员训练中心，NASA 第 52 远征队的飞行工程师兰迪·布雷斯尼克（Randy Bresnik）正待在联盟号飞船模拟器内。

合作伙伴

　　国际空间站恰如其名，它与以往的在轨前哨航天器有所不同，是以多国合作的方式来运作的。1998 年 1 月签署的一项条约确立了空间站由 15 国合作建设的框架。加拿大、日本、俄罗斯、美国及欧洲航天局的 11 个成员国（比利时、丹麦、法国、德国、意大利、荷兰、挪威、西班牙、瑞典、瑞士和英国）同意建立并运营一座"非军事用途的永久性载人民用空间站"。随后，美国与其余 4 家合作伙伴（加拿大、日本、俄罗斯和欧洲航天局）签署了协议，确立了 NASA 作为国际空间站管理者的地位。

◑ 1998 年，《空间站政府间协议》（Intergovernmental Agreement on Space Station Cooperation）的签署者们在正进行发射准备的国际空间站团结号节点舱 1 前合影留念。

◑ 国际空间站的各个合作伙伴机构。从上至下依次为：NASA、俄罗斯联邦航天局、加拿大航天局、日本宇宙航空研究开发机构、欧洲航天局。

○ 2011 年 3 月，第 26 远征队指挥官、NASA 宇航员斯科特·凯利在国际空间站的命运号实验舱内，他手中是各国际合作伙伴的国旗。

◑ 1998 年 1 月正式签署国际空间站协议时颁发的纪念证书，上面印有该计划各参与国的国旗。

1997 年，NASA 与巴西签署了一项附加协议，使这个南美国家成了空间站的合作伙伴之一。然而，10 年后，巴西无力负担其在硬件方面做出的承诺，退出了该项目。后来，在俄罗斯联盟号飞船执行为期 10 天的太空出租车任务时，巴西宇航员马科斯·蓬蒂斯（Marcos Pontes）访问了国际空间站。2007 年，中国表示有兴趣参与国际空间站项目，但由于多种原因，中国没有成为国际空间站的合作伙伴国，而是准备建设本国的轨道实验室。

合作伙伴的设施

国际空间站包含两个不同舱段的航天器。俄罗斯舱段包括国际空间站的第一个组件曙光号功能货舱、星辰号服务模块、破晓号（Rassvet）和探索号（Poisk）迷你研究模块以及码头号对接舱。俄罗斯还有一个名为"科学号"的多用途研究实验舱，将于未来添加到国际空间站上。

美国舱段则包括 NASA 的命运号实验舱和三个连接节点舱：团结号、和谐号、宁静号。美国舱段还包括欧洲航天局提供的哥伦布号（Columbus）

⬆ 2009 年 4 月，第 18/19 远征队飞行工程师、日本宇航员若田光一在希望号实验舱的气闸内工作。

⬇ 通过国际空间站上的一个窗口看到的日本希望号实验舱模块和暴露设施，摄于 2009 年。

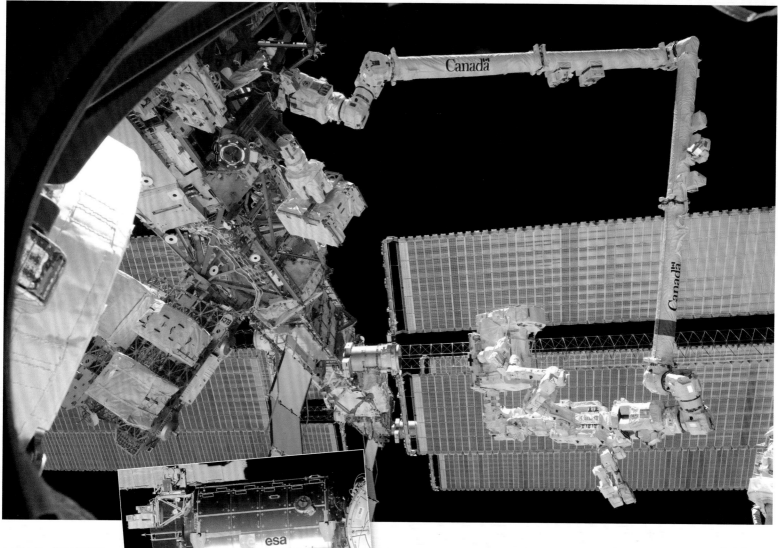

⬆ 2011 年，第 26 远征队一名宇航员拍下的加拿大航天局机器人"杂工"德克斯特，它连接在加拿大臂 2 号的末端。

⬆ 日本的希望号实验舱包括一座用于有效载荷的外部平台、一个气闸和一根机械臂。

⬆ 欧洲航天局哥伦布号实验舱的外部照片，摄于 2009 年。该实验舱是欧洲航天局对国际空间站所做的最大贡献。

实验舱和 JAXA 提供的希望号实验舱，后者含后勤模块和"暴露设施"。加拿大对国际空间站的贡献包括"加拿大臂 2 号"机械臂，这是安装在国际空间站主桁架上的主要机械手；还有德克斯特（Dextre）特殊用途灵巧机械手，这个双臂机器人可移动备用设备及安装硬件，以代替宇航员执行太空行走。

除了提供太空设施之外，各合作伙伴还从众多地面控制大楼中为空间站上的宇航员提供支援。NASA 的地面指挥中心从得克萨斯州的休斯敦指挥着美国舱段的操作，而亚拉巴马州亨茨维尔的一个有效载荷操作中心则负责监督科学实验。位于莫斯科郊外科罗廖夫的莫斯科地面控制中心负责控制俄罗斯舱段。此外还有其他控制中心，分别由 ESA 和 JAXA 在德国科隆和日本筑波各自运营。

星辰号服务模块

　　添加到国际空间站的第三个组件是俄罗斯制造的服务舱，名为"星辰号"（俄语为"Zvezda"，英语为"Star"）。2000 年 7 月 26 日，搭乘质子号 –K 火箭（质子号的一个版本）发射升空的星辰号与曙光号功能货舱对接，随后成为空间站俄罗斯舱段的主要模块。由于资金紧张，星辰号的发射推迟了一年半，这给空间站项目的早期推进带来了障碍。该服务舱的最初设计用途及部分建设用途都是作为第二个和平号空间站的核心部分，但该项目始终未曾付诸实现。服务舱长 13 米、直径 4 米，尺寸大约相当于一辆城市巴士，配备了两个用于供电的太阳能电池阵列和 4 个对接口，其中 3 个位于该模块前部，是转运舱的一部分，在此与曙光号相连，另外 1 个位于舱尾。星辰号还配备了发动机，用于提升轨道空间站的高度，还装有天线，以便与俄罗斯舱段、造访的航天器及位于莫斯科郊外的地面指挥中心通信。服务舱的居住空间内有可容纳两名宇航员的居住舱、一处废物处理卫生间（这是空间站上的两个卫生间之一）、俄罗斯舱段的生命支持系统，还有 14 扇窗户。

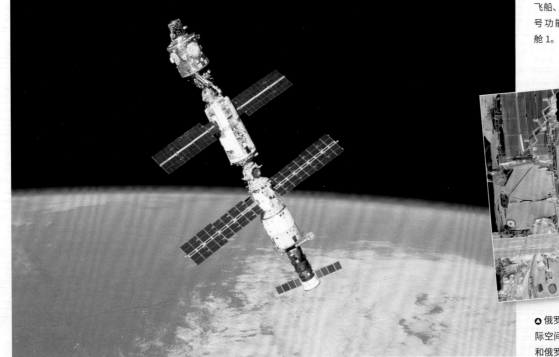

◔ 2000 年 9 月的国际空间站。从下到上依次为联盟号飞船、星辰号服务舱、曙光号功能货舱和团结号节点舱 1。

◔ 2000 年 7 月 12 日，俄罗斯一枚质子号 –K 火箭发射升空，火箭上搭载的是准备添加到国际空间站的第三个主要组件——星辰号服务舱。

◔ 俄罗斯星辰号服务舱的尾部提供了一个对接端口，供造访国际空间站的航天器使用，包括 ESA 的自动转移飞行器（ATV）和俄罗斯的进步号（如图）及联盟号飞船。

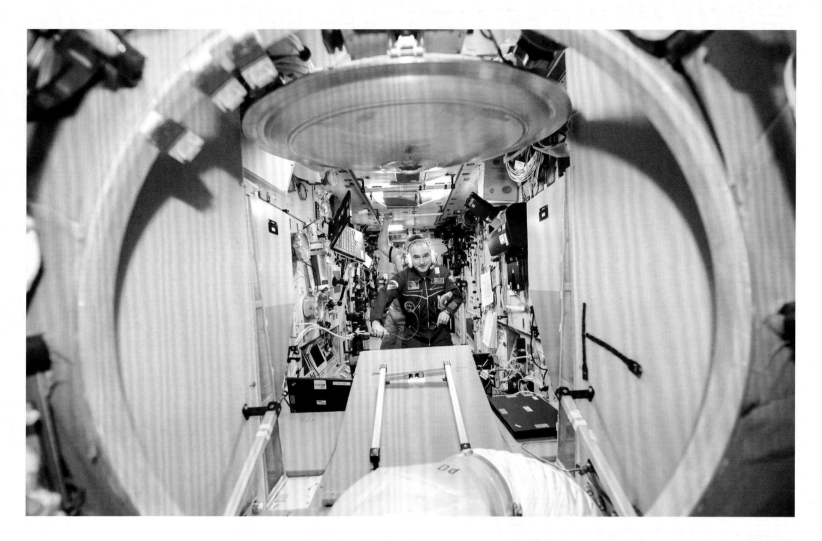

▲ 2014 年 9 月，在第 40 远征队任务期间，俄罗斯宇航员亚历山大·斯科沃佐夫（Alexander Skvortsov）和宇航员马克西姆·苏拉夫（Maxim Suraev）在星辰号服务舱内工作。

▶ 2017 年 6 月，第 52 远征队机组人员费奥多尔·尤尔奇金（图中前景正中者）和杰克·费希尔在星辰号服务舱内，他们正在监控俄罗斯进步号货运飞船的对接情况。

国际空间站人员及物资补给

与此前的礼炮号、天空实验室及和平号空间站不同的是，国际空间站的设计初衷并非用于载人。而从可实现载人的那一刻起，国际空间站就开始接待第一批居住者，从此以后再也没有空置过。国际空间站机组人员被组织成一支支远征队。首批 12 名机组人员由俄罗斯宇航员和美国宇航员组成，他们进行了一次单独的远征任务，随即返回地球。

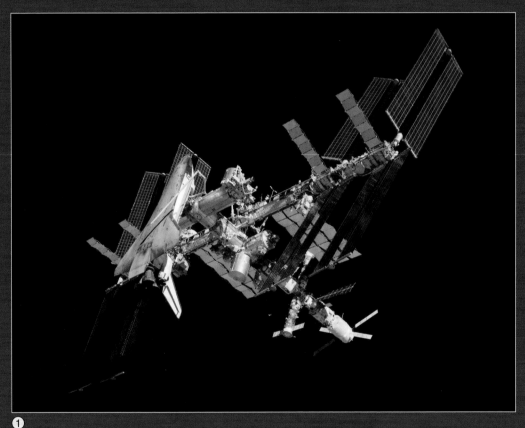

❶

❷

例如，从 2000 年 10 月 31 日到 2001 年 3 月 21 日，NASA 宇航员威廉·谢菲尔德与俄罗斯航天局宇航员谢尔盖·克里卡列夫和尤里·吉德森科共同组成了第 1 远征队。2001 年 3 月 8 日，俄罗斯联邦航天局的尤里·乌萨切夫（Yuri Usachev）、NASA 的吉姆·沃斯（Jim Voss）和苏珊·赫尔姆斯（Susan Helms）抵达国际空间站，与他们进行了短暂的交接，在第 1 远征队的机组人员离开后，他们便成为第 2 远征队的机组人员。

这种轮换模式一直持续到 2006 年 7 月 4 日，欧洲航天局派出的德国宇航员托马斯·赖特尔（Thomas Reiter）搭乘美国发现号航天飞机抵达空间站，并被编入第 13 远征队，当时这支远征队的

队员们已经在国际空间站上驻留了 3 个月。两个月后，赖特尔又加入了第 14 远征队，开启了一种交错重叠的轮岗模式，最终人数增至 3 人。

人员运送及轮换

到 2011 年为止，当空间站的组装工作宣告完成时，标准轮换方式是由 3 人组成的机组人员连续执行两次远征任务，在第一次远征任务进行到一半时抵达国际空间站，在第二次远征任务进行到一半时离开。唯有在决定让 2 名机组人员在太空驻留一年，以及在一段短暂的时期，为了削减成本，俄罗斯联邦航天局决定于 2017 年将派遣的宇航员人数减少到 2 名时，这一人员部署计划才

被打乱。

运送宇航员往返国际空间站的主要运载工具变成了俄罗斯的联盟号三座位宇宙飞船。联盟号从位于哈萨克斯坦的拜科努尔航天发射场发射升空，其中多数时候还是从首位飞上太空的人类尤里·加加林用过的同一发射台发射的。在任务结束时，联盟号又借助降落伞，落回哈萨克斯坦的大草原上。从 2000 年 11 月到 2012 年 12 月，联盟号执行的是为期两天、绕地球 34 周的空间站之旅。从 2013 年 3 月的第 35/36 远征队开始，在基于轨道力学确有可能的情况下，交会时间减少到了 6 小时、绕地球 4 周。从 2001 年的第 2 远征队到 2009 年的第 20 远征队，美国航天飞机轨道飞行器也用于运送进行

① 2011 年 5 月 23 日，奋进号航天飞机与国际空间站对接，这张照片是由第 27 远征队机组人员保罗·内斯波利从联盟号 TMA-20 上拍摄的，当时联盟号已驶离国际空间站。

② 2000 年 10 月 31 日，一架俄罗斯联盟号 -U 火箭从哈萨克斯坦拜科努尔航天发射场升空，火箭上搭载着联盟号 TM-31 飞船和前往国际空间站的首批宇航员。

③ 艺术家渲染的 SpaceX 公司的龙飞船与国际空间站对接效果图，左侧为载人飞船，右侧为货运飞船。

④ 2015 年，俄罗斯的联盟号载人飞船（前景）和进步号货运飞船与国际空间站对接，此时空间站正运行在加拿大和五大湖上空。

③

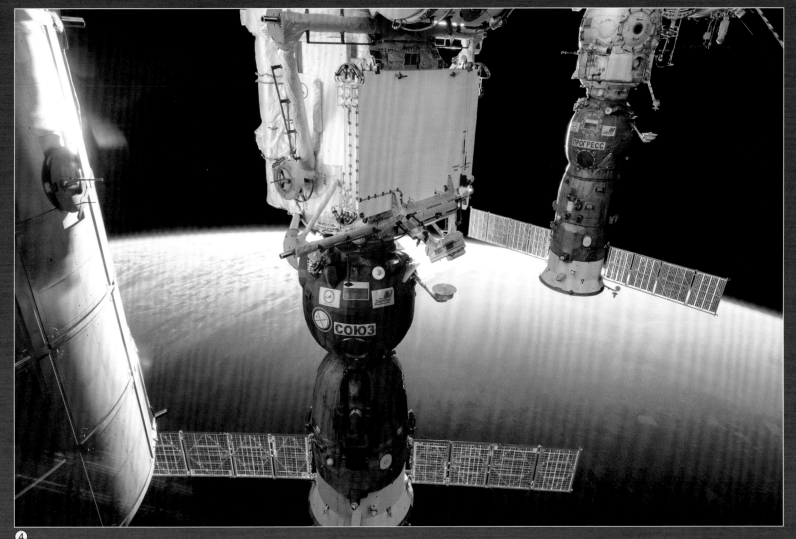

④

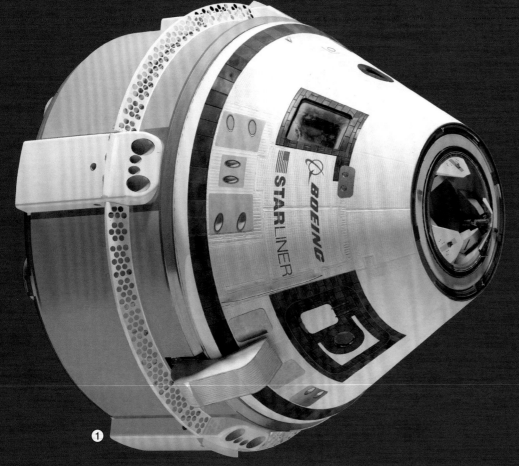

① 这是一位艺术家为波音公司 CST-100 星际客机绘制的效果图，该客机承包给 NASA 使用，从 2019 年开始运送宇航员往返国际空间站。

② 轨道 ATK 公司的天鹅座号货运飞船满载着宇航员补给用品和科学实验相关物资（摄于 2016 年），拍下这张照片的是加拿大臂 2 号，飞船正准备停靠在国际空间站上的美国舱段。

③ 2013 年，HTV 正在向国际空间站运送加压及非加压货舱。

④ 艺术家为内华达山脉公司的追梦者号带翼货运飞船绘制的效果图。NASA 与追梦者号签署了向国际空间站运送补给的任务合同，不久后将开始执行。

⑤ 2008 年 3 月至 2014 年 7 月期间，欧洲航天局先后向国际空间站发射了五艘 ATV。图为名为"阿尔伯特·爱因斯坦号"的 ATV-4，摄于 2013 年 6 月。

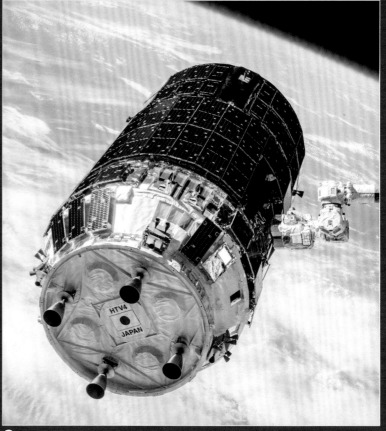

④

⑤

轮换的远征队员，其间由于 2003 年哥伦比亚号航天飞机失事而中断了两年。

商用宇宙飞船

随着 2011 年带翼轨道飞行器退役，NASA 与波音公司和太空探索技术公司（SpaceX）签署了设计、制造和运营商用航天器的合同，以重启从美国前往空间站的飞行活动。波音的 CST–100 星际客机（Starliner）和 SpaceX 的第二代龙飞船（Dragon，V2）的试飞都经过了若干次推迟。

自 2012 年 5 月以来，按照该公司与 NASA 签订的一份商业补给服务合同，SpaceX 的龙飞船还曾在未载人的情况下飞往空间站。轨道 ATK

公司（Orbital ATK）也获得了一份类似的合同，用天鹅座号（Cygnus）货运飞船来运送货物。美国的第三种商用宇宙飞船——内华达山脉公司（Sierra Nevada Corporation）的追梦者号（Dream Chaser）有翼太空飞机也与 NASA 签订了合同，将在 2020 年后开始向国际空间站运送补给和科研设施。

作为美国补给任务的补充，ESA 的自动运送载具（Automated Transfer Vehicle，简称为 ATV）在 2008 年至 2014 年间，以及 JAXA 的 H–II 运送载具（H–II Transfer Vehicle，简称为 HTV）自 2009 年至今，先后执行了 5 次飞行任务。俄罗斯的进步号

（Progress）宇宙飞船于 1978 年首次为礼炮 6 号空间站提供补给，后来又继续为国际空间站提供服务，到 2018 年已累计发射 70 余次。

除了在海中溅落的龙飞船以及像滑翔机一样在跑道上降落的追梦者号太空飞机之外，其他载货运输工具都被设计为在再入地球大气层时自行烧毁。

技术进步

作为一座在独特环境下运行的独一无二的实验室，国际空间站一直以来就是一处试验台，供人开发用于轨道和地面的新技术。如果人类将来要飞出地球轨道之外，前往火星或更远的地方执行长期任务，就需要配备自给自足的可靠的航天器系统。国际空间站提供了一个平台，可以在足够靠近地球的位置对这些系统进行测试，以免宇航员的生命安全遭受更大的威胁。国际空间站上的环境控制与生命支持系统（Environmental Control and Life-Support Systems，简称 ECLSS）就是一个很好的例子。NASA 于 2008 年发射的废水回收系统可对废水加以回收，其中包括宇航员的尿液，这样空间站的宇航员就有了源源不断的饮用水。NASA 国际空间站项目经理迈克·苏弗雷迪尼（Mike Suffredini）在 2008 年说："无论是驻留在空间站，还是生活在月球上，回收再利用都将成为未来宇航员日常生活中必不可少的一部分。"一些相同的技术也被用来为第三世界的发展中国家提供净水。为空间站开发的其他新技术还包括先进的机器人技术、在微重力环境下运行的增材制造设备（又称 3D 打印机）以及用于宇航员医疗诊断的超声波硬件设备。

◔ 2009 年，在执行 STS–129 国际空间站任务期间，一个水泡中反射出 NASA 宇航员利兰·梅尔文（Leland Melvin）的影像。国际空间站的实验已经揭示出了液体在失重状态下的很多表现。

◔ 第 19 远征队的宇航员若田光一（左）、根纳季·帕达尔卡和迈克·巴雷特（Mike Barratt）用装满再生水的饮料袋"祝酒"，借此庆祝国际空间站的废水回收系统开始运行。

◔ 欧洲航天局宇航员保罗·内斯波利往一个 3D 打印出的"零重力"杯子里灌满刚煮好的意大利咖啡，在太空享受家中的舒适。

◔ 2013 年 4 月，第 35 远征队飞行工程师、宇航员汤姆·马什本（见背景中），在国际空间站的任务板上遥控操作"机器宇航员 2 号"（Robonaut 2，简称"R2"）。

◑ 从国际空间站的宁静号节点舱 3 内向毕格罗可扩展活动模块望去时所见的景象。

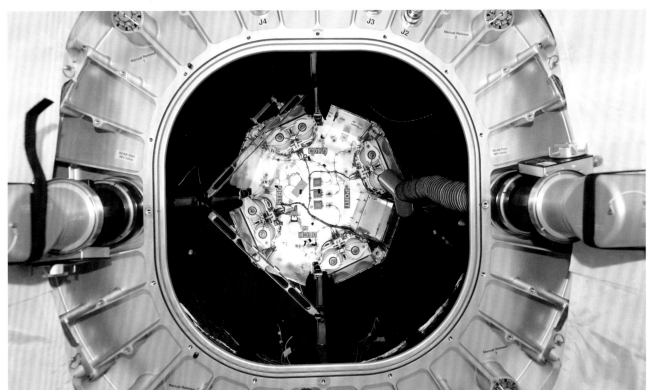

地面控制中心

自 2000 年 11 月以来，国际空间站就一直在进行载人飞行，而一支规模更大的队伍则始终从地面设施中持续守望着这座轨道前哨站。在空间站的运行与维护过程中，各国宇航员们承担着大部分实际工作，但还有分散在全球各地的五个地面控制中心的飞行控制人员负责监控国际空间站的机载系统状态，并为宇航员的日常安排制订规划。

空间站的主要管理工作在克里斯托弗·克拉夫特地面控制中心（简称 MCC）进行，该中心位于得克萨斯州休斯敦的 NASA 约翰逊航天中心内，负责管理美国舱段。位于莫斯科郊外科罗廖夫城的莫斯科地面控制中心，

◯ 位于德国奥伯法芬霍芬村（Oberpfaffenhofen）的欧洲航天局哥伦布控制中心呼号为"慕尼黑"，负责国际空间站上的欧洲科研活动。

◯ 莫斯科地面控制中心。摄于 2016 年 7 月俄罗斯联盟号 MS–01 飞船对接后不久，中央大屏幕上显示的是第 48 远征队机组人员。

负责管理国际空间站的俄罗斯一侧。NASA 的飞行控制人员轮班工作，每班 9 小时。根据计划在太空中进行的活动内容不同，"前厅"团队的人数可在 6 人至 10 余人不等。俄罗斯的飞行控制人员每班工作 24 小时，随后休息 3 天。每次轮班中，在莫斯科地面控制中心工作的人数最多可达 50 名。除了休斯敦和莫斯科附近的地面控制中心之外，还有负责管理美国科研活动的亚拉巴马州亨茨维尔地面控制中心、负责管理欧洲航天局科研活动的德国科隆地面控制中心，以及负责管理 JAXA 希望号实验舱科研活动的日本筑波太空中心。

◐◑ 位于得克萨斯州休斯敦的 NASA 地面控制中心是国际空间站的主要控制中心。飞行控制人员对空间站的日常运行进行管理，包括航天器的到达和离开。

◖ 日本筑波太空中心的地面控制室负责管理国际空间站的日本希望号实验舱上的科研及后勤工作。

宇航员健康与生命科学

国际空间站的一项主要任务是了解并研究如何抵消宇航员长期暴露在微重力环境中造成的影响。正如此前的空间站和宇宙飞船项目所示，长期处于失重状态会对人体产生负面影响，引起肌肉质量下降及骨质流失等健康问题。这些危害不仅对宇航员返回地球后的身体健康构成了威胁，也给派遣宇航员飞往火星或太阳系其他地方及更为遥远的外太空执行长期任务造成了障碍。国际空间站上的经验表明，每天至少锻炼两小时，便可有效对抗大部分骨骼和肌肉长期在太空中受到的伤害。但针对其他健康问题，如颅内压引起的视力下降，则仍需采取应对措施。

除了研究微重力对宇航员健康的宏观影响外，国际空间站还被用于进一步研究基因，了解人类身体对环境变化做出的反应。其中有一项研究针对的是一对双胞胎宇航员，其中一个在空间站，另一个在地面，对比结果表明，太空飞行会增加基因的开启和关闭过程。"通过观察太空中的基因表达，我们所见到的最令人兴奋的事是，一旦人体进入太空，我们真的会看到一场爆炸，就像燃放烟花一样。"康奈尔大学威尔医学院的克里斯·梅森博士（Dr. Chris Mason）这样说道，"在这项研究当中，我们已经看到成千

在第 37 远征队执行任务期间，宇航员卡伦·尼伯格正在宁静号节点舱 3 内使用先进的阻力锻炼设备进行训练。该设备可以帮助宇航员预防太空中发生的骨质流失。

NASA 宇航员兰迪·布雷斯尼克解释道："在国际空间站上处于零重力状态下……萨沙（萨沙·米索尔金，Sasha A. Misurkin）正在前舱壁上跑，而谢尔盖·里亚赞斯基在后舱壁上举'重'。"

蒂姆·皮克正在国际空间站上使用 ESA 的肌肉萎缩运动研究系统："不，不是测试一种新的过山车，而是研究肌肉萎缩现象，以及这种系统在帮助地球上的患者康复方面可能发挥什么作用。"

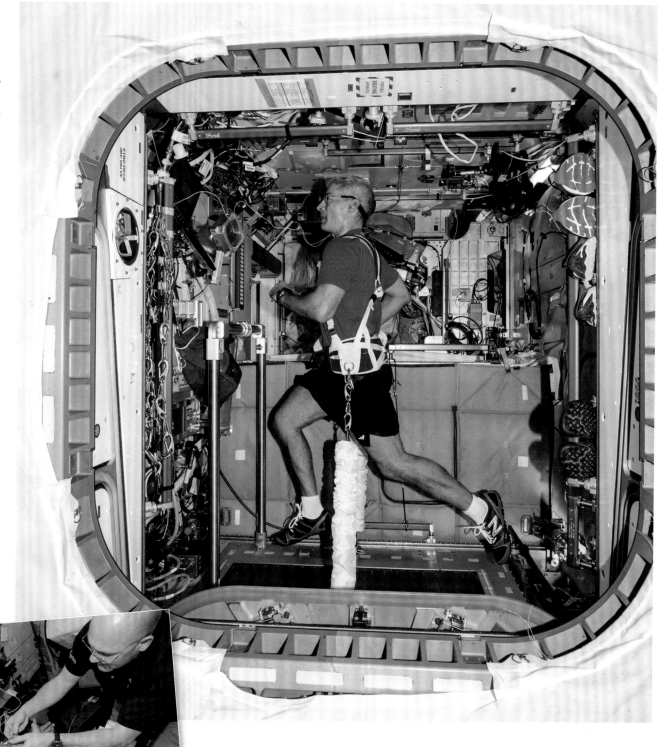

NASA 宇航员马克·凡德·黑（Mark Vande Hei）在组合式负重外阻力跑步机上慢跑。

第 30 远征队机组人员丹·伯班克（Dan Burbank，左）和安德烈·柯伊伯（Andre Kuiper）在国际空间站上为一项综合免疫研究进行抽血。

上万的基因改变了开启和关闭的方式。一旦宇航员进入太空，就会发生这种情况，其中某些活动在返回地球后还会暂时持续一段时间。"这种现象对于健康的影响仍在分析之中。

驻留时间

宇航员们每次造访国际空间站的时间并不相同。远征队员一般驻留五个半月左右。在空间站投入使用的最初 20 年间，俄罗斯联盟号宇宙飞船一直被用作空间站机组人员的主要运载工具和紧急救生飞船，在轨寿命为 6 个月，需要每半年更换一次，因此机组人员采用了轮岗制。

在空间站远征队伍的人数增加到 6 人之前，联盟号的轮换日程表允许利用为期两周的太空"出租车"飞行任务，搭载编外的宇航员前往国际空间站。这些宇航员首先乘坐新的联盟号飞船，与新的远征队员一同飞往国际空间站，然后乘坐换下的联盟号飞船，与即将离开的远征队员们一道返回地球。这种轮换飞船上的席位还向自费及来自非合作伙伴方的航天员开放，由此诞生了私人出资的"太空游客"访问活动。韩国和马来西亚等国也曾派遣过宇航员进行短期停留。宇航员在空间站上的居住时间也有超过 6 个月的情况。2015 年 3 月至 2016 年 3 月，NASA 和俄罗斯联邦航天局执行了首次为期一年的国际空间站驻留任务，以便深入了解长时间暴露于微重力环境下对人体造成的影响。

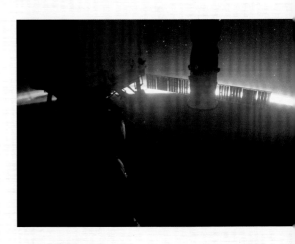

◐ 2015 年 11 月 17 日，在国际空间站上看到的日出。空间站上的宇航员每 24 小时可以畅享 16 次日出和日落，视觉效果确实非常壮观。

◐◐ 宇航员油井龟美也（Kimiya Yui，左）和杰尔·林德格伦（Kjell Lindgren）共同庆祝他们在太空度过的第一个 100 天。这对宇航员收到了纪念这一里程碑的特别纪念章。

◐ 2016 年 1 月 21 日，执行为期一年任务的宇航员斯科特·凯利（左）与米哈伊尔·科尔尼延科（Mikhail Kornienko）庆祝他们在太空度过的第 300 天。他们两人在国际空间站上总共待了 340 天。

○ 零重力环境下，物体仿佛也具备了生命。国际空间站上，第 50 远征队一名宇航员的裤子飘浮在宇航员居住舱上方，形成了一道奇景，就像有了知觉似的。

○ 2015 年 3 月 2 日，特里·维尔茨（左）、莎曼萨·克里斯托弗雷蒂（Samantha Cristoforetti）和安东·什卡普洛夫在国际空间站上度过了他们的第 100 天，他们拍下了这张照片，并写道："庆祝我们此次任务的第 100 个飞行日。"

国际空间站上的女性

　　2016 年 7 月 6 日，NASA 宇 航 员 凯 瑟 琳·"凯 特"·鲁 宾 斯
（Kathleen "Kate" Rubins）成为进入太空的第 60 名女性，她将加入国际
空间站第 48 远征队。在这 60 名女性中，有超过一半的人是飞往国际空间
站的，其中 28 人来自美国、1 人来自俄罗斯，其他女性宇航员则分别来自
加拿大、日本、意大利、法国和韩国。在同一时期，国际空间站的其他大
约 200 名宇航员均为男性。2016 年，鲁宾斯表示："我没有留意做某件事
情的究竟是女性还是男性，而我的同事（也）真的不知道。我认为，这确

◑ 1998 年 12 月，作为奋进号航天飞机 STS-88 任务中的专家，宇航员南希·科里－格雷格成为第一位进入国际空间站的女性。

◑ 2016 年，宇航员凯特·鲁宾斯首次进入国际空间站执行任务，同时成了进入太空的第 60 名女性。图中，鲁宾斯身穿由儿童癌症患者手绘的飞行服，这是宇航服艺术项目的一部分。

◑ 摄于 2017 年，宇航员佩吉·惠特森正在进行一次太空行走，她不仅是第一位指挥国际空间站的女性（且是首位两度担任指挥的女性），还创造了美国宇航员在太空中停留时间最长的纪录——共计停留 665 天。

◑ 2014 年，俄罗斯宇航员叶莲娜·谢罗娃（Yelena Serova）成为首位进入国际空间站的俄罗斯女性，也是第 4 位进入太空的俄罗斯女性。

实能够说明我们目前所处的态势。"第一位登上国际空间站的女性是南希·科里－格雷格，她是 NASA 的宇航员，也是奋进号航天飞机 STS-88 任务的机组人员，奋进号于 1998 年 12 月 6 日与空间站的最初两个部件对接。第一位在国际空间站上驻留的女宇航员是 NASA 宇航员苏珊·赫尔姆斯，她与俄罗斯宇航员尤里·乌萨切夫、NASA 宇航员吉姆·沃斯一道组成了生活在空间站上的第二支特遣队。截至 2018 年，在空间站上驻留时间最长的女性是 NASA 宇航员佩吉·惠特森，她在 2002 年至 2017 年间执行了三次太空远征任务，总共停留了 665 天。

◑ 截至 2018 年，一次性进入太空的女性人数最多为 4 名。图为 2010 年 4 月，多蒂·梅特卡夫－林登伯格（Dottie Metcalf-Lindenburger，左）、山崎直子（Naoko Yamazaki）、斯蒂芬妮·威尔逊（Stephanie Wilson）和特蕾西·考德威尔·戴森（Tracy Caldwell Dyson，右上）在国际空间站上合影留念。

地球摄影

国际空间站在地球上空 355~560 千米高的轨道上运行，在此可以看到一些我们地球家园蔚为壮观的图景。NASA 宇航员唐·佩蒂特在国际空间站上率先使用了几种摄影新技术，他说："拍下我们身为宇航员从太空看到的地球景观，是与那些无缘进入太空的人分享这一体验的一种方式。"机组人员可以借助空间站上先进的相机和镜头来拍摄地球影像。国际空间站在轨运行的最初 15 年间，各国宇航员们总共拍摄了 250 多万张照片。2014 年，NASA 宇航员特里·维尔茨创下了一项纪录，他拍摄了 319 275 张照片，其中大部分照片都聚焦于地球。后来，在他的著作《太空俯瞰》（View

◌ 2015 年，奥列格·科诺年科在国际空间站上与摄影设备合影。居住在空间站上的前 15 年，宇航员们共拍摄了 250 多万张照片。

◌ 这张照片摄于 2012 年，是第 30 远征队的一名成员在塔斯曼海东南部上空拍摄的，据说，这是国际空间站宇航员拍摄的第 100 万张静止图片。

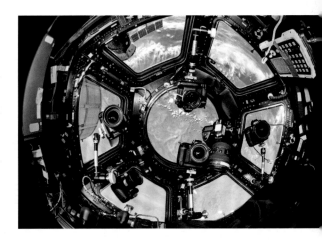

❍ 宇航员唐·佩蒂特曾经讲述过如上图这样令人难以置信的图片背后的摄影过程："我的星轨照片曝光了 10~15 分钟……我进行了多次 30 秒曝光，然后用成像软件将其'叠加'，从而获得更长的曝光时间。"

❍ 2014 年 9 月，SpaceX 的龙号货运飞船接近国际空间站时，飞行工程师亚历山大·格斯特在穹顶舱的一个窗口旁用照相机拍照。

❍ 当宇航员从国际空间站的穹顶舱及其他窗口拍摄自己的所见时，有各式各样的相机和镜头可供选择。

from Above，2017）中，维尔茨写道："在我看来，我在太空中最重要的工作是摄影以及记下可以与他人分享的太空印象。"

通过宇航员拍摄的地球照片，我们得以从全新的视角去了解威胁生命的风暴、气候变化的影响以及人类给周围环境带来的影响。与人们的普遍观念不同，在不借助辅助设备的前提下，国际空间站上的宇航员无法用肉眼看到中国的长城或其他人造建筑。但由于配备电子照明设施，且不受外界电子照明影响，他们能拍摄到各国国界的轮廓。

科研及应用

尽管自从首次载人起，国际空间站上就开始进行科研活动，但直至2011年这一轨道实验室宣布"完工"之后，各国宇航员们才能把主要精力转到应用上。2017年之前，远征队员们平均每周花费40小时进行科学研究和空间站维护，每天进行两个半小时的锻炼。然而，在2018年2月5日所在的那一周，第54远征队的6名成员创造了一项纪录，他们共有100个小时投入科研工作中。欧洲航天局表示："这项新的科研纪录表明，宇航员正在投入越来越多的时间，将国际空间站用作失重空间实验室，这是符合该空间站预期用途的。"

在国际空间站上开展的科学研究分为若干学科，包括生物学与生物技术、地球与空间科学、教育活动与推广、人类研究、自然科学以及技术开发与示范。一般而言，各远征队在驻留期间会进行200~300项研究，其中有多达100项科学实验都是新增内容。

⬤ 国际空间站上的蔬菜植物生长设施用于种植可食用的蔬菜和花卉，以便更好地了解植物在微重力环境下的反应，这是为了未来的太空旅行而开展的重要研究工作。

⬤ 宇航员兰迪·布雷斯尼克在国际空间站上的微重力科研手套箱内从事肺组织研究。"这是一项令人惊讶的研究，开发出了被杰克·费希尔称为'癌症追踪导弹'的东西。"

⬤ 微重力科研手套箱是美国命运号实验舱内的专用科研设备之一，配有大面积的前窗和内置手套，为进行科学技术实验提供了一个密封的环境，特别适合处理危险材料。

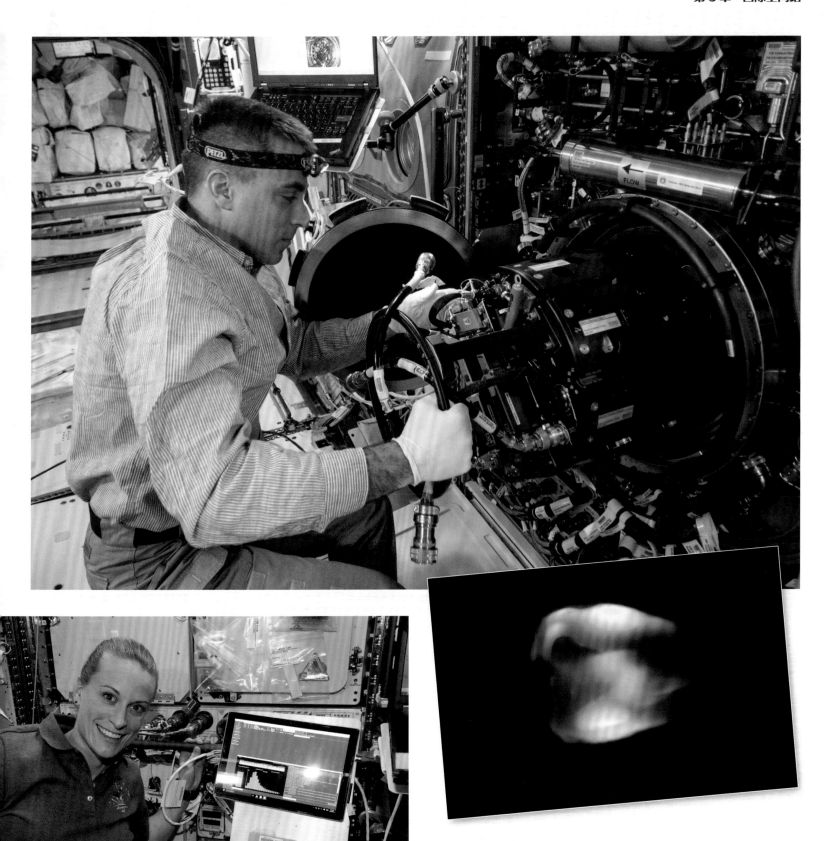

◔ 2016 年，宇航员凯特·鲁宾斯在她的迷你型基因检测设备（MinION）——用于在国际空间站上进行首次太空 DNA 测序——旁边摆好了拍照姿势。

◖◖ 宇航员克里斯托弗·卡西迪正在更换国际空间站燃烧室中的一个燃料箱，里面装有在液滴燃烧实验中使用的液体燃料。

◔ 在研究如何在微重力下灭火的燃烧实验中拍摄到的火焰特写。在太空中，火焰的燃烧速度较慢、温度较低，消耗的氧气也比在正常重力环境下更少。

国际空间站文化

2008 年 5 月至 2009 年 9 月期间，国际空间站迎来了一位与众不同的宇航员——对于"飞向宇宙，浩瀚无垠！"并不陌生的星际指挥官太空骑警"巴斯光年"。通过与迪士尼公司在教育方面的合作关系，NASA 向空间站发射了一个高 30.5 厘米的巴斯光年人偶。在面向世界各地的教室和学生的教学视频中，这个玩具被用来讲述真实的航天故事。

然而，在进入空间站的人造物品当中，"巴斯光年"并不是仅有的一件源自流行文化的物品——自从它被捐赠给美国国家航空航天博物馆用于展览以来。在最初 15 年间，国际空间站曾迎来过乐高建筑积木套件，其中一套本身搭建出的就是空间站模型，还有美国职业橄榄球大联盟（NFL）所有职业橄榄球队的球衣、来自热门手机游戏《愤怒的小鸟》的红色毛绒玩具，以及《星球大战 6：绝地大反击》中卢克·天行者的光剑。就在地球上的

◑ 在国际空间站上，迪士尼《玩具总动员》中的人物"巴斯光年"的一个玩具人偶正在与液体"玩耍"，这是一项教育推广计划的一部分。

◐ 第 28、第 29 远征队的飞行工程师、日本宇航员古川聪（Satoshi Furukawa）与他在国际空间站上拼装完成的国际空间站大型乐高模型。

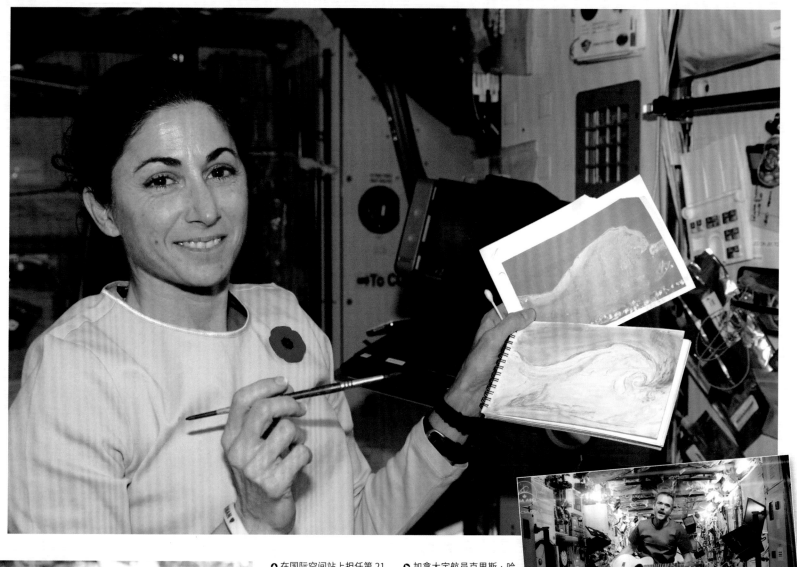

⬥ 宇航员凯伦·尼伯格的填充恐龙玩偶在国际空间站上飘浮着。实际上，这个玩偶是尼伯格用她在轨道空间站上找到的材料亲手为儿子制作的。

⬥ 在国际空间站上担任第 21 远征队宇航员期间，妮可·斯托特创作出了第一批太空水彩画。

⬦ 加拿大宇航员克里斯·哈德菲尔德在国际空间站上弹吉他，为他自行演绎的大卫·鲍伊的《太空怪人》伴奏。他在太空中录制的音乐视频在地球上走红。

流行文化进入国际空间站之际，甚至还有一种独特的新文化正在这座轨道前哨站上逐渐形成。"我们已经在这艘宇宙飞船上生活了 15 年。目前我们已非处于初来乍到的阶段，已非处于'插上旗帜、宣告我们的到来'那个阶段，而是处于'我们离开地球了'这个阶段。"2015 年，加拿大航天局宇航员克里斯·哈德菲尔德（Chris Hadfield）这样说，他在空间站上以自己的方式演绎了大卫·鲍伊的歌曲《太空怪人》（*Space Oddity*），"不管我们从前是谁，现在我们都搬到了这里、进入了这里的现实：失重感、景色、执行任务、隔绝感……这种文化正在与地球上的文化发生差异，变得有所不同。"

轨道上的外联活动

　　首位进入NASA地面控制中心飞行指挥队伍的宇航员蒂姆·克里默（Tim "TJ" Creamer）于2010年1月22日发送了一条仅有140个字符的信息，这在2015年创下了一项特别的纪录。"推特（Twitter）用户们，大家好！此刻我们是在国际空间站上实时发布推文——这是第一条来自太空的实时推文！很快我们还会发出更多消息，把你们的问题发过来吧。"克里默这样写道。他因此成了第一位直接从太空中在社交媒体推特上发帖的宇航员。自此以后，各国宇航员们使用推特、脸谱（Facebook）、照片墙（Instagram）

◐ 生活在国际空间站上的宇航员会参与许多现场视频的"下行链接"，与媒体、学生和公众分享他们在空间站上的经历。

◐ 教育工作者兼宇航员乔·阿卡巴参与了一个名为"太空讲故事时间"的教育推广项目，该项目的拍摄内容是国际空间站的工作人员朗读科学主题的儿童读物。

◐ 尽管国际空间站上的宇航员们与地球和家乡远隔千里，但他们仍然可以通过笔记本电脑和平板电脑上网。因此，宇航员可以收发电子邮件、使用社交媒体，而且最重要的是，还可以与地面上的家人和朋友们进行视频聊天。

◐ 2010 年 1 月 22 日，国际空间站上的蒂姆·克里默发布了有史以来的第一条来自太空的实时"推文"，这条消息在推特上被转发了 4000 多次。

◐ 2016 年，斯科特·凯利在国际空间站上参与"随你问"板块的问答环节前，向 Reddit 社区出示他的"证据"。

和其他类似的服务平台，让公众以虚拟的方式登上国际空间站。社交媒体使宇航员能直接与其粉丝互动、回答问题、分享照片并参与地球上其他人的讨论。早期任务期间，宇航员使用无线电和视频下行链路，以便向教室、办公室和千家万户进行内容传播，让人们得以一窥太空生活的面目。作为这种联络方式的自然延伸，社交媒体增添了双向交流功能，而以往这种交流方式仅对经过挑选的受邀群体开放。由此带来的结果就是公众更积极地参与，在宇航员们的社交媒体账号下，粉丝人数动辄达到数十万甚至数百万。在 2015 年发表的国情咨文演讲中，美国总统奥巴马对首位在国际空间站上驻留了一年之久的 NASA 宇航员斯科特·凯利说："祝你好运，船长，一定要发照片墙啊。"

第 6 章

流行文化中的
空间站

　　尽管空间站早期曾在科幻小说中出现过几次，但在科幻领域仍属于"后来者"。无论在文字中还是在艺术作品中，宇宙飞船获得的关注都要多得多。这或许是因为宇宙飞船可以飞往各处，空间站则不然。空间站可以围绕着一颗奇异的行星或恒星运行，但绕着圈子打转毕竟不如飞向远方那么浪漫。可能正因如此，当空间站真的开始在科幻小说中大量出现时，它们实际上被当成了角色本身。

（左图）1953 年默里·莱因斯特（Murry Leinster）的小说《太空平台》（*Space Platform*）的封面画作，图中隐含着在地球上建好空间站，再发射到太空的观念。

（上图）20 世纪 50 年代初，英国出版了一系列青少年读物，其中的主人公就是这位"太空船长金利"（Captain Space Kingley）。图为船长和他的飞船，远处盘旋的是 X–3 空间站。

流行文化中的空间站

许多以空间站为背景的经典故事都以空间站作为剧情的出发点。本书前文已提到早期虚构作品中三座重要的空间站——"砖卫星"、《在两颗行星上》中的火星极地站以及阿斯特波尔空间站——在这些作品中，对于故事情节而言，空间站本身的存在起到了重要的甚至是关键的作用。

The New TOM SWIFT Jr. Adventures
TOM SWIFT and His Outpost in Space
By VICTOR APPLETON II

⬢ 一部流行系列小说中的 1955 年版描述了在火箭飞船的鼻锥上组装的一座空间站，它在距离地球 37 496 千米的高空绕轨道运行。

1926 年，德国作家卡尔·拉费特（Karl Laffert）出版了一本名为《世界之火》（World Fire）的小说，灵感来自赫尔曼·奥伯特提出的设想：用一面巨大的轨道反射镜来控制地球上的天气。故事背景设定在 1958 年左右，一个世界性政府在地球轨道上建立了一座"以太空间站"，空间站上有若干名工程师，他们的任务就是用空间站上的巨镜来调节地球气候。J.D. 伯纳尔的《世界、肉体与魔鬼》（The World, the Flesh and the Devil，1929 年）一书虽然不是虚构作品，却思考了地球周围环绕一圈载人卫星的可能性。在弗兰克·凯利（Frank K. Kelly）的小说《火星饥荒》（Famine on Mars，1934 年）中，故事背景也基本设定为地球轨道上的一个空间站。有意思的是，凯利笔下的宇航员既有男性，也有女性。

对空间站的想象

尽管赫尔曼·奥伯特于 1923 年创造了德文的"空间站"一词，但首次使用英文"空间站"一词的人很可能是曼利·韦德·威尔曼（Manly Wade Wellman），该词见于他的短篇小说《一号空间站》（Space Station No.1，1936 年）。威尔曼的空间站与火星位于同一轨道上，为在地球与木星之间飞行的航天器充当燃料补给站。在 J.M. 沃尔什（J.M. Walsh）的《太空破坏者》（Vandals of the Void，1930 年）和默里·莱因斯特的《发电星》（The Power Planet，1931 年）中，空间站的出场也令人印象深刻。这两部作品中的空间站上都居住着几百名宇航员，受奥伯特的启发，莱因斯特的空间站发挥着发电站的作用。

"当然，发电星是一面巨大的人造金属圆盘，它围绕太阳旋转，为地球提供电力。每个人都从教科书中学过它是如何在月球上空进行建造的，以及它如何通过耗费大量火箭燃料而机动进入目前的轨道。"

"由于距离太阳表面仅 6400 多万千米，它向阳的那一面在炽烈的辐射下几乎被炙烤得赤热，而背阴那一面的温度又自然下降到与太空的酷寒相当。两面的温度相差近 700 摄氏度，威廉姆森电池将两面的温差转化为电流，效率高达 99%。然后巨大的杜加尔（Dugald）管（发电星上的杜加尔管约有 6 米长）将其转换成聚焦于地球的能量束，把超过 10 亿马力的能量输送到已经竖起的各个接收器上。"

空间站本身宽约 16 千米，以经过精心计算的速度旋转，因此外缘处的离心力几乎与地球上的正常重力水平相当。所以，距离其中心位置越近，这个作用力就越小，产生的重量感也就越少。"

在 1931 年的小说《太空王子》（The Prince of Space）中，杰克·威廉姆森（Jack Williamson）便已预见到了 20 世纪 70 年代杰拉德·奥尼尔设想的太空聚居地。按照书中的描述，轨道栖息地是个约 1.6 千米宽的巨型圆筒，内部排列着草坪、花园、住宅和公园。这一聚居地沿着长轴旋转，产生人工重力，而精密的机械则提供了光和热，还有氧气。

"太空之城是个圆柱体，"史密斯船长说，"直径约 1524 米，高度也大致与此相等，主要由流星中的铁建造而成，这是我们从流星雨中获得的，一方面是为了使航行更安全，另一方面也可取得有用的金属。这个圆柱体不停地旋转，其旋转速度使两边的离心力与地球上的重力相等。城市围绕着圆筒内侧建造，这样人们一抬头，在头顶一英里处的地方，就可以看到邻居似乎上下颠倒的房子。我们从圆筒一端的气闸进入其中。"

在罗曼·斯塔兹尔（R.F.Starzl）和埃弗雷特·史密斯（Everett C. Smith）所著的《金属卫星》（The Metal Moon，1932 年）中，空间站是个巨大的空心球体，同样具有类地球环境。在巴兹尔·威尔斯（Basil Wells）的《天空工厂》（Factory in the Sky，1941 年）一书中，另一座居住着过百万居民的球形栖息地占据了重要地位。

◗◗ 1952 年，阿瑟·克拉克的青少年小说《天空之岛》真实地描述了空间站的建设过程及空间站上的日常生活。

◗ 在这幅插画中，艺术家亚历克斯·朔姆伯格（Alex Schomburg）将一座极致版郊区住宅安置在了空间站内部，夸张地演绎了战后的购房潮。

◑ 詹姆斯·怀特的《星区综合医院》系列是由 12 部科幻小说组成的系列作品，围绕着一座绕轨道运行的庞大的太空医院展开。

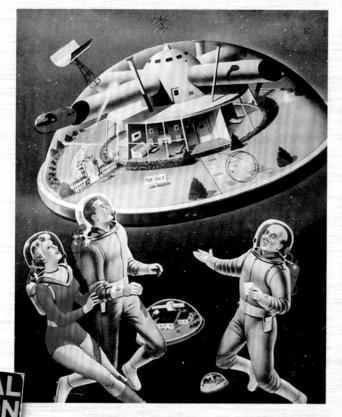

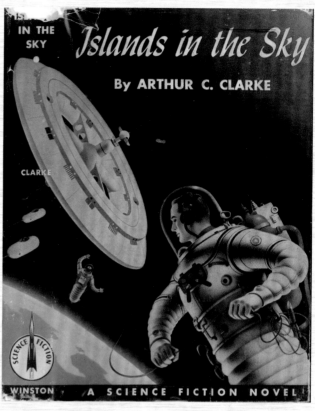

占据舞台中心

乔治·史密斯（George O. Smith）是一位美国科幻小说家，也是将空间站作为故事情节中不可或缺的元素的最早一批作者之一，在 20 世纪五六十年代尤为多产。他的《金星等边形》（Venus Equilateral）系列最早发表在 1942 年的《惊奇》杂志上。故事发生在一座空间站中，该空间站位于金星轨道上的一个特洛伊点，也就是在行星轨道上位于行星前、后 60 度位置处的点，位于该点的物体都会保持稳定的位置。在史密斯笔下，空间站的作用是充当地球、金星和火星之间的通信纽带。

罗伯特·海因莱因在《太空军校生》（Space Cadet，1948 年）中写到了"特拉空间站"（Terra Station）。这是一座轮形空间站，与英国星际协会的罗斯－史密斯二人的设计并没有什么不同，不过他笔下的这个版本规模相当于一座小型城市。在《太空骑师》（Space Jockey，1947 年）中，海因莱因还将大量情节放到了相当于一座城市大小的空间站上。1952 年，阿瑟·克拉克出版了《天空之岛》

（Islands in the Sky），这是一部面向青少年的小说，主要描写的是绕地球运行的空间站上人们的日常生活。这座空间站本身显然是基于 1949 年英国星际协会的设计版本。克拉克空间站的主要功能之一是为通信卫星网络提供保障。

默里·莱因斯特的《太空平台》关注的是一座大型环形空间站，类似于冯·布劳恩的设计。奇怪的是，大多数作者都认为，这样的空间站是用从地上运来的材料在轨道上建造的，而莱因斯特的空间站则是在地球上建造完毕，再作为一个整体发射到太空中的。在前航天时代，有很多其他长短篇小说都浓墨重彩地描写了空间站，包括弗兰克·贝克纳普·朗（Frank Belknap Long）的《一号空间站》（Space Station No.1，1957 年）、詹姆斯·冈恩（James Gunn）的《空间站》（Station in Space，1958 年）和雷夫·伯纳德（Rafe Bernard）的《天空之轮》（The Wheel in the Sky，1954 年）。

军事与医疗

早期的作家偶尔也会提到轨道空间站的军事潜力，对这种可能性的关注在第二次世界大战后达到了顶峰。就连《科利尔》杂志上提到的空间站也明确表明它充当了地面军事活动的轨道观测站，发挥着重要作用。

詹姆斯·怀特从 1962 年开始发表广受欢迎的

《星区综合医院》（Sector General）系列小说，该小说以位于遥远太空的一座巨型空间站——"星区 12 号综合医院"——为背景。按照设计初衷，该空间站用于治疗各种各样的外星生命形式，它们遭受着与地球上不一样的疾病折磨，需要非同寻常的生命支持。就连医院的工作人员本身也代表了来自不同星球的数十个物种，与患者一样，出于对所处环境与自身行为的要求，他们也需要特殊的住所。医院空间站本身是个巨大的圆柱体，由 384 层楼组成。

唐纳德·金斯伯里（Donald Kingsbury）的《月亮女神母子》（The Moon Goddess and The Son，1986 年）写的是空间站的建设（也描述了低成本进入近地轨道所需的技术），而艾伦·斯蒂尔（Allen Steele）1989 年的小说《轨道衰减》（Orbital Decay）则描述了太阳能卫星的建设。大部分故事情节都发生在邻近的奥林巴斯空间站（Olympus Station）上，这是一座旋轮空间站，建设者们就居住在其中，空间站上的居民们称它为"天空之罐"。除了中央枢纽外，它还额外包括了 42 个模块，每个模块长 8 米、宽 2 米。这些模块包括生活区、计算机、研究实验室、水培花园、生命支持系统等。内部环面提供了连接各个模块的通道，两根辐条把轮形结构与中央枢纽连接在一起。

影视作品中的空间站

近几十年来，好莱坞作品中的大多数空间站都受到了在过去几十年间绕地球运行的功能齐全的真实空间站影响，从《突破二十五马赫》（*Space Camp*，1986 年）到《地心引力》（*Gravity*，2013 年），影片中的空间站莫不如此。太空之轮的迷人优雅令人难以忘怀，在 2013 年的电影《极乐空间》（*Elysium*）中，再次出现了它的身影。这部电影以"斯坦福环面"（stanford torus）这一设想为基础，塑造了一处庞大的旋转太空栖息地。

① 这部日本电影拍摄于 1959 年，讲述的是一座装饰华美的空间站被入侵的外星人摧毁的故事。图为哥伦比亚电影公司为 1960 年在美国上映的版本制作的海报，英译名为《外太空之战》（*Battle in Outer Space*）。

② 《月球基地计划》虽是一部偷工减料的低成本电影，但片中出现的空间站在好莱坞电影中属于最早的一批，这是由未来学家雅克·法斯科创作的一个模型。

③ 灵感源于冯·布劳恩的这座经典空间站出现在一部不为人知的电影中，拍摄时间很可能是在 20 世纪 50 年代早期。

首次出现在电影屏幕上的空间站既不是五号空间站（Space Station V），也不是太空之轮。《月球基地计划》（*Project Moonbase*，1953 年）由传奇科幻小说家罗伯特·海因莱因编剧，这是如今已成经典的《登陆月球》（*Destination Moon*，1950 年）一片之后，他的第一部电影。与之前的电影不同，《月球基地计划》是一部低成本影片，明显是从一部未开拍过的电视剧试播集而来。尽管存在不足之处，这部电影还是努力采用了逼真的方式来展现航天活动，这在当时着实非同一般。由雅克·弗雷斯科（Jacques Fresco）创作的模型成了该片的一项突出特色，他是当今世界领先的未来学家和社会工程师之一。在他为电影制作的模型中，有一座圆盘形空间站。在当时的人看来不同寻常的是，这座空间站并没有旋转。

胶片电影中的设计

1957 年斯普特尼克号人造地球卫星发射后，为了利用公众被激发起的航天兴趣，制片人罗杰·科曼（Roger Corman）匆匆将《卫星大战》（*War of the Satellites*）搬上了银幕。虽然这部电影的预算仅有 7 万美元，不可能采用任何精心制作的布景或特效，不过故事的大部分场景都是发生在一颗载人的小型球形人造地球卫星上的。

而《外太空暴乱》（*Mutiny In Outer Space*，1965 年）一片中，一座环形空间站被在月球上发现的一种外星真菌所占领。除了作为大部分情节背景的那座空间站之外，由埃尔文·安格尔（Elwynn Angle）设计的塑料空间站模型套件也出现在了影片中。当时塑料航天器模型大量存世，是精打细算的电影制片人的金矿。

日本的《绿色黏液》（*Green Slime*，1968 年）中也有类似的情节。在这部影片中，伽马 3 号空间站（Gamma 3）——一座冯·布劳恩式的轮形太空站被绿色黏液怪兽占领。自 20 世纪 50 年代末到七八十年代，这一构想的若干种变体出现在了数不

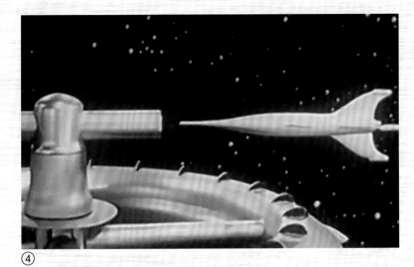

④

⑤

⑥

⑦

④《太空骑警》是 20 世纪 50 年代最受欢迎的儿童科幻电视剧之一，在其中一集出现的这座空间站可能是电视屏幕上的第一座空间站。

⑤ 艺术家兼模型制造商莫里斯·斯科特·多伦斯（Morris Scott Dollens）为他未能付诸拍摄的 20 世纪 50 年代电影《星梦》（Dream of the Stars）创造了这一令人回味的场景。

⑥《星际迷航》大受欢迎，成了无数商品的灵感之源，其中也包括这个 K-7 空间站模型套件。

⑦ 在帕维尔·克鲁尚采夫（Pavel Klushantsev）执导的苏联科幻电影《通往群星之路》中，这座令人印象深刻的空间站曾有过惊艳亮相。

> 我知道，我最近做了一些很差劲的决定，但我可以向你百分之百保证，我的工作一定会恢复正常的。
>
> ——哈尔 9000，《2001：太空漫游》

清的科幻电影中。

在几部早期的苏联太空电影中，尤其是在半纪录片《通往群星之路》（Road to the Stars，1957 年）中，轮形空间站都占据了重要位置。两年后，一座不那么传统的空间站出现在了《哭泣苍穹》（Nebo Zovyot）一片中，一个旋转的轮式结构与一个不旋转的大型结构结合在一起，用作航天器的对接平台。

在日美合拍的科幻电影《从太阳出击》（Solar Crisis，1990 年）中，有一座名为"天空之城"的空间站，几乎可谓《科利尔》杂志上那座经典空间站的完美复制品，只是膨胀到了相当于一个小国家的规模。

电影中的经典空间站

出现在电影银幕上的非经典空间站中，最著名的可能就是《星球大战》中标志性的"死星"了。按其设想，这颗巨大的人造行星直径达 120 千米，可搭载约 170 万名宇航员（更不用说还有 40 万个机器人了）。相比之下，在 1979 年的《007 之太空城》（Moonraker）中，则呈现了一座在设计上截然不同的大型空间站。尽管根据影片的描绘，该空间站也通过旋转来提供人工重力，但它是由若干管道和球体组成的复杂组合体，外观拙劣又难看，不过起码在试着表现出原创性。在过去数十年间，NASA 的空间站设计对众多好莱坞作品中的空间站产生了影响，自从国际空间站开发以来尤其如此。在《地心引力》一片中，那座命运多舛的空间站便是受到

199

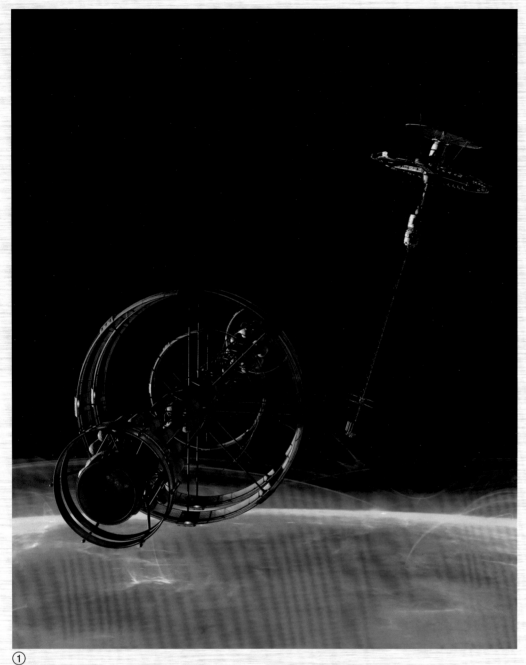

①

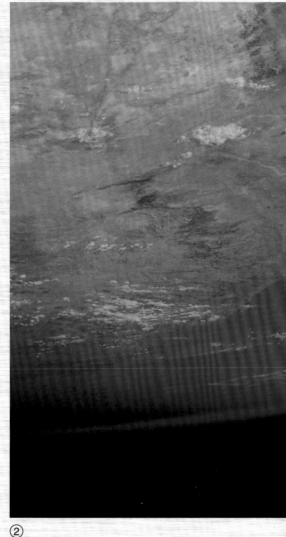

②

① 2002 年的电影《索拉里斯》（Solaris）改编自斯坦尼斯拉夫·莱姆（Stanislaw Lem）发表于 1961 年的经典科幻小说。整部电影几乎都是发生在一座空间站上，该空间站围绕着可能具有感知能力的"索拉里斯星"运行。

了国际空间站的启发，它可能是好莱坞影片中大家最耳熟能详的一座空间站了。

电视节目中的空间站

空间站在电视屏幕上占据的地位相对没有那么突出，不过实际上，总体而言，电视节目对太空这一兼具商业性和流行性的话题其实已经欣然接受。在 1962 年的英国电视木偶剧《太空巡逻队》（Space Patrol）的许多剧集中，都出现了受冯·布劳恩理念启发的轮形空间站，这是最早在电视上定期出现的空间站之一。《太阳宇航员》（Solarnauts，1967 年）是一部计划播出却从未投入过实际制作

的英国电视剧的试播集。该剧以一座巨大的旋转太空栖息地开场，糅合了冯·布劳恩的轮形空间站与一座位于轴线末端的庞大穹顶城市。

美国电视连续剧《勇闯太空》（Men Into Space，1959—1960 年）名为"建造空间站"的一集当中，出现了一座"战神号"（Ares）空间站。

虽然在《星际迷航》的最初系列中，有好几集里都出现了空间站，但它们基本上只是作为故事发生的背景而已。例如，K-7 号空间站最广为人知的一点就是遭到了外星物种"毛球族"的侵袭。在《星际迷航》的续集，如《星际迷航：进取号》《星际迷航：下一代》中，偶尔也会对空间站加以呈现，

想想看吧。五年前，尚且无人听说过贝久星（Bajor）或"深空九号"，而如今，我们所有的希望都寄托于此。

——出自《星际迷航：深空九号》中的一个角色之口

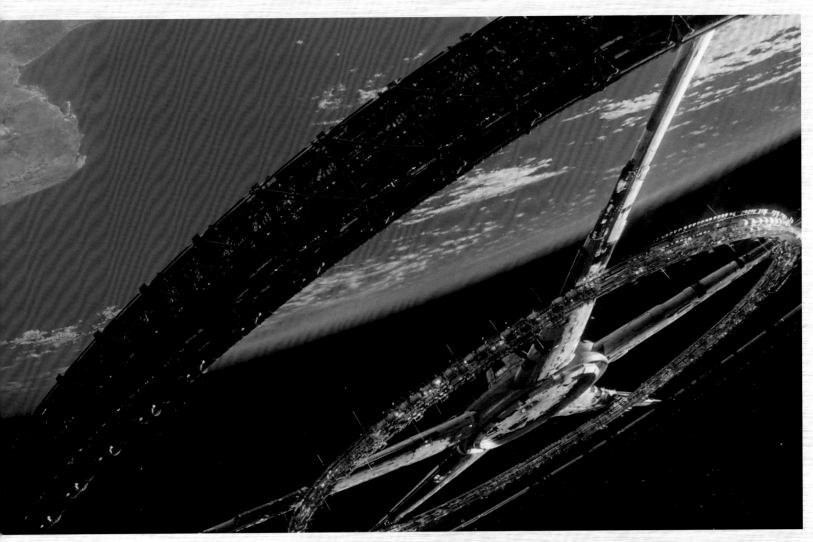

② 由尼尔·布洛姆坎普（Neil Blomkamp）制作、编剧并导演的电影《极乐空间》（2013 年）中，与影片同名的这座空间站是一处庞大的旋转聚居地，只有有钱有势的人才负担得起在此居住的费用。

③ 与影片同名的深空九号空间站是行星联盟为守卫虫洞入口而建立的一处栖息地。《星际迷航：深空九号》系列于 20 世纪 90 年代上映。

其中有一座空间站还在后续电视剧和电影中都出现过。

　　仅有一部电视剧的故事情节几乎是完全发生在空间站上，那就是《星际迷航：深空九号》，时间跨度为 1993—1999 年。该空间站是一处大型栖息地，常驻人口达 300 人。这座前哨站位于一个稳定的虫洞口附近，故事情节可以在此无休无止地发展下去。还有一处更大规模的太空定居点——"巴比伦 5 号"，在 1994—1999 年期间播出的同名电视剧《巴比伦 5 号》中，有 25 万名人类和外星人在这里居住。

③

太空之轮

SEE HOW IT WILL HAPPEN...IN YOUR LIFETIME!

COLOR BY TECHNICOLOR

PRODUCED BY GEORGE PAL   DIRECTED BY BYRON HASKIN   SCREENPLAY BY JAMES O'HANLON

ADAPTATION BY PHILIP YORDAN, BARRE LYNDON AND GEORGE WORTHINGTON YATES   BASED ON THE BOOK BY CHESLEY BONESTELL AND WILLY LEY   A PARAMOUNT PICTURE

◖《征服太空》是制片人乔治·帕尔继大获成功的《月球目的地》后的又一力作。尽管公众或科幻爱好者们对这部影片的喜爱程度不及上一部，但它仍是最早尝试以写实形式来描述太空飞行的作品之一。

◖在电影《征服太空》的第一幕中，大部分情节都发生在"太空之轮"上，这是一座根据沃纳·冯·布劳恩的理念设计的空间站。

　　乔治·帕尔（George Pal）的《征服太空》（*Conquest of Space*，1955 年）是首次将轮形空间站搬上银幕的影片之一（其实不单轮形空间站如此），该片算得上是最早一批呈现空间站的影片之一。这座空间站被宇航员亲切地称为"轮子"，是专门根据沃纳·冯·布劳恩的《科利尔》杂志系列设计的。事实上，整部影片基本上就是对冯·布劳恩太空计划大纲的浓缩。在一个令人印象深刻的特效场景中，空间站由一架从地球飞来的带翼航天飞机进行维护。与此同时，还有一架为执行火星任务而建造的航天器在空间站附近的轨道上运行。实际上，这部电影展现了当时人们认为轨道空间站应具备的两项主要功能：作为地球观测平台（如跟踪天气），也是装配基地，用于组装飞往月球和其他行星的航天器。人们默认，这样的空间站将完全处于军事控制之下，从这一点不难看出影片的制作年代。

五号空间站

　　轮形空间站的吸引力一直延续到 1968 年，在斯坦利·库布里克的《2001：太空漫游》中，它以"五号空间站"的形象出现。这是一座 560 米的巨型双环式空间站，就像用一根轴线将两座冯·布劳恩式空间站连接到了一起。按照影片中的说法，它尚在建设过程中。该空间站通过旋转提供人工重力，设施完备，足以满足从地球去往月球的旅客们的所有需求，站内设施包括休息室、餐厅和一家酒店。

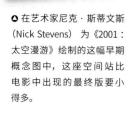

○ 在艺术家尼克·斯蒂文斯（Nick Stevens）为《2001：太空漫游》绘制的这幅早期概念图中，这座空间站比电影中出现的最终版要小得多。

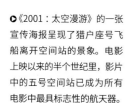

▶《2001：太空漫游》的一张宣传海报呈现了猎户座号飞船离开空间站的景象。电影上映以来的半个世纪里，影片中的五号空间站已成为所有电影中最具标志性的航天器。

空间站玩具及书籍

在玩具店的货架上，基本看不到空间站的周边玩具，原因很简单：宇宙飞船本身更刺激一些。即使是战后那些多产的日本锡制发条玩具和电池驱动玩具制造商们也大都忽视了空间站，转而青睐机器人和宇宙飞船。不过，仍有少数例外。

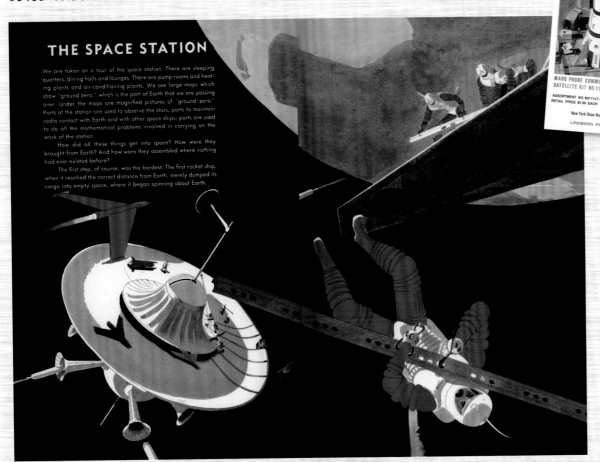

②

空间站一旦建成，
我们就可以开始着
手向月球发射
载人飞船了。

——摘自迪士尼公司于 1959 年出版的
儿童读物《明日登月》
（*Tomorrow The Moon*）

20 世纪五六十年代，玩具制造商 S. H. Horikawa 生产过两种锡制的轮形空间站玩具，T. N. Nomura 公司也于 60 年代生产过一种。20 世纪 50 年代早期，英国玩具制造商乔希尔科（Johillco）公司设计了几种不同的"卫星空间站"，其中包括用梅森耐特纤维板制成的"X/47 星际空间站"。尽管几种空间站的名字各不相同，但乔希尔科公司所有的"空间站"似乎都相当于我们今天所谓的"太空基地"，即稳固地建在行星或月球表面的空间站。举个例子，漂亮的"现代艺术土星空间站"（Art Moderne Station Saturnia）和"火星卫星空间站"（Martian Satellite Station）都带有恐龙和太空人，来与空间站坚定的捍卫者们作战。

塑料套件

塑料模型套件行业在此之前主要局限于制作船舶、汽车和飞机模型，当航天最终成为现实或至少接近现实时，该行业人士发现，还有一个令人兴奋的崭新市场可供开发。火箭和航天器模型，无论是真实还是假想的，在业余爱好者商店的货架上大批出现，其中也包括几种空间站模型。最先出现的是冯·布劳恩为《迪士尼乐园》彩色电视节目中的"太空人"片段设计的一个空间站模型。1955 年，斯特隆贝克（Strombecker）公司制作出了这种空间站，后来又根据从迪士尼系列电影中汲取的灵感制作了其他几种航天器。

迪士尼/冯·布劳恩套件取得了成功，或许是受此鼓舞，斯特隆贝克公司还从其他航天专家身上寻找灵感，其中一位专家便是当时受雇于康维尔公司的德国外籍工程师克拉夫特·伊瑞克。"康维尔载人观测卫星"便是由伊瑞克设计、斯特隆贝克公司微缩制作的航天器之一。伊瑞克的想法是用现有部件——主要是燃料箱和补给火箭的其他构件来建造空间站，这不仅使他的所有设计具有外观上的一致性，还带有许多其他航天器设计不具备的优雅性。

林德伯格（Lindbergh）公司不仅充分意识到了航天在总体上何其受人欢迎，而且对《科利尔》杂志的受欢迎程度更是有着清晰的认识，于是他们

① 图中这个模型套件系列是受冯·布劳恩构想的启发制作而成的，最初于 20 世纪 50 年代末推出，其中当然也包括了他著名的空间站模型。

② 这幅插图摘自《太空大全》（*The Big Book of Space*，1953 年），图中这座空间站的灵感源于史密斯－罗斯的设计。

③ 图为巴克·罗杰斯（Buck Rogers）拼图，由米尔顿·布拉德利（Milton Bradley）公司制作于 1952 年，呈现了一座充满敌意、装备精良的空间站，令人印象深刻。

④ 这幅插图出现在《太空时代肇始》（*The Dawning Space Age*）一书中，该书由美国民间空中巡逻队（Civil Air Patrol）出版于 20 世纪 50 年代中期。

⑤ 为了发布该模型套件，工程师兼火箭专家哈里·斯泰恩专门设计了朝圣者号观测空间站。

③

④

⑤

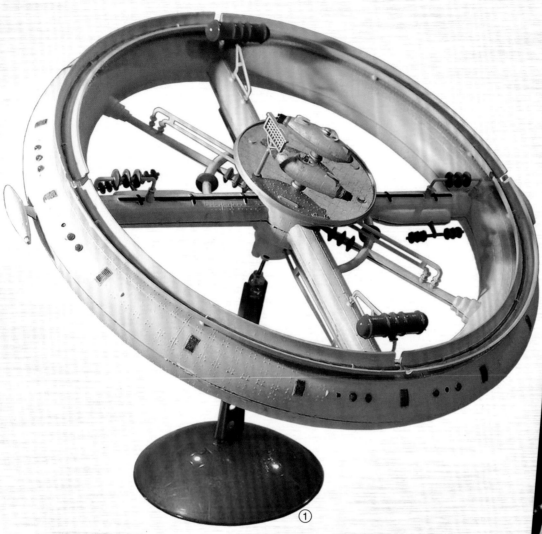

科幻小说是世界历史上最重要的文学作品，因为它是思想史，是我们的文明自己孕育的历史……科幻小说是我们做过的一切事情的核心，而那些取笑科幻作家的人根本不知道自己在说什么。

——雷·布拉德伯里

① 拼装完成的林德伯格空间站是个精细的巨大模型，至今仍然深得科幻纪念品收藏家的青睐。

② 林德伯格空间站模型——因冯·布劳恩的《科利尔》系列文章在大众中流行而获得启发，最早问世于 1958 年，至今仍可在市面上找到。

③ 这款日本玩具由电池供电，以塑料和镀锡铁皮制成，不仅配备了旋转天线和闪烁的灯光，还可发出"航天噪声"。它由 S. H. Horikawa 公司设计制造。

④⑤ 最早以套件形式出现的空间站是迪士尼公司深受欢迎的电视节目《明日乐园》的衍生品，这部电视剧专门讲述太空旅行。与其他许多玩具不同，这套玩具实际上是由沃纳·冯·布劳恩本人亲自操刀设计的。

生产了三种模型套件，都与冯·布劳恩为该杂志设计的航天器有着惊人的相似之处，而且根本未经授权。其中包括一架三级运载火箭、一台月球着陆器，当然了，还有一座空间站，非常近似于冯·布劳恩和切斯利·博内斯特尔设计的经典轮形空间站。

在 20 世纪 50 年代行销于世的空间站套件中，最重要的很可能便是由威望（Revell，又译"利华"）公司生产的那一种。它由航天工程师埃尔文·安格尔（Elwynn E. Angle）设计，无疑是所有套件中做工最精良的，内部及各工作部件都制作得精细完备。在同时代的两三部科幻电影中，精打细算的制片人甚至使用了该模型及林德伯格公司的其他几种套件来进行拍摄。

真实的设计

第一套"真实"的空间站套件是"阿特拉斯轨道实验室"，于 1958 年由霍克（Hawk）公司发布。之所以说它"真实"，是因为该套件基于康维尔公司向美国空军认真提出的一项设计制作而成。它展示了康维尔公司的构想，即现有的阿特拉斯火箭可以改造成一座空间站，正如土星号火箭的 SIVB 子级被用作天空实验室的基础那般。此后近 20 年间，空间站基本处于无人问津的状态。1970 年，火箭专家乔治·哈里·斯泰恩（G. Harry Stine）为 MPC 设计了"朝圣者号观测空间站"（Pilgrim Observer Space Station），不过严格来说，它是

一艘星际飞船。直到 1981 年，模型制造商才再度致力于航空航天相关产品的制造，这次制作出的是威望公司的"太空操作中心"（Space Operations Center），它基于 NASA 约翰逊航天中心的设计，与今天的国际空间站非常相似。自此以后，涌现出了无数模型供爱好者们使用，如真模（Real Models）和海勒（Heller）制作的和平号空间站套件、威望和海勒制作的国际空间站套件，甚至还有在科幻电影《世界末日》（Armageddon，1998 年）中出现过的俄罗斯空间站套件。

威望空间站

在 20 世纪 50 年代出售过的假想空间站套件当中，最重要的一种可能是由航天工程师埃尔文·安格尔设计、威望公司生产的套件。它不仅极其精细，包含了空间站的内部细节，还附带了一份"操作手册"，概述了其建设、功能和管理方面的细节。它描绘了该空间站作为天文台、气象及地球观测站、通信中继站、星际探索中转站和科学研究实验室的作用。安格尔 – 威望空间站长约 24 米，直径为 11 米，而天空实验室的尺寸仅为长 21 米、直径 6.6 米。威望空间站上可搭载 20 名宇航员，将在 10 380 千米的理想高度绕地球运行，每 6 小时沿轨道运行一周。空间站拟在地球轨道上组装而成，组装所需的预制部件由 XSL–01 运载火箭（这是安格尔为威望公司设计的另一种独特的塑料模型套件）的改进版本送入轨道。空间站一旦建成，就会定期由航天飞机提供服务，从地球上运来人员和物资。安格尔还提出了一项有趣的建议：在空间站上附加一个"辅助动力包……即离子动力装置或类似的低推力装置"，就可将他的空间站变为星际飞船。

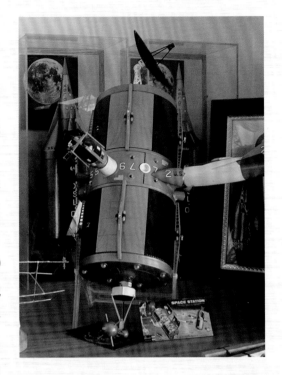

○ 由于科学技术和工程细节方面的高超水平，以及现今的稀有程度，埃尔文·安格尔的空间站套件（图为他个人收藏品当中的一组）如今被视为太空模型收藏品中的"圣杯"。

○ 埃尔文·安格尔空间站套件的背后有着深入的思考，因此该套件还附带了足足 8 页的"操作手册"，概述了空间站的建设、使用及维护事项。

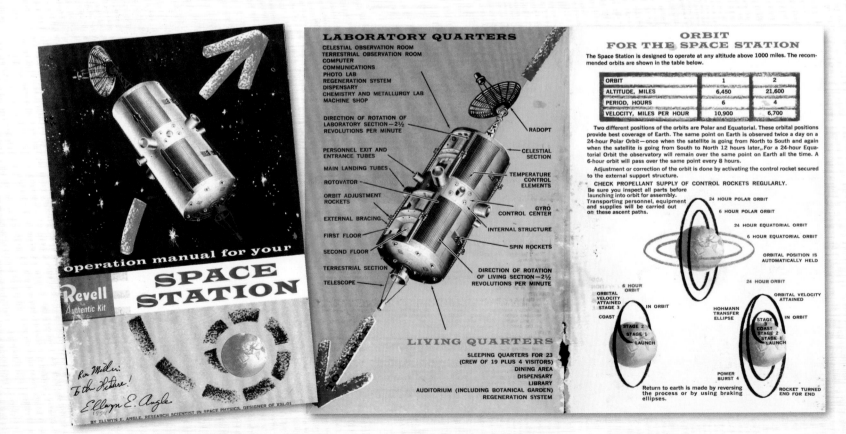

雷鸟 5 号

◑◑ 出现在原版电视剧中的"雷鸟 5 号"。这是一颗地球同步卫星，卫星上的机组人员监测着来自地球的无线电广播，从中搜寻遇险信号。

◑ 雷鸟 5 号缩微模型的细节，该模型是专为拍摄于 2004 年的实景故事片而开发的。

在广受欢迎的英国电视剧《雷鸟神机队》（*Thunderbirds Are Go*，2015 年）中，令人印象深刻的"雷鸟 5 号"空间站也被纳入了剧中充满未来感的飞机和宇宙飞船阵容。该空间站在地球上空 36 000 千米处的同步轨道上盘旋，主要功能是监测地球上可能发生的灾难，并侦听遇险求救信号。空间站上的机组人员随后监控和督查一切救援行动。

漫画中的空间站

在漫画和报纸连环画中出现的空间站让人想到最早在科幻小说中出现的空间站，它们作为故事背景和便于情节展开的场景，很少积极地在故事中发挥作用。当然，也有一些以空间站为主打特色的影视周边产品，比如戴尔基于迪士尼电视剧《太空人》的改编之作，以及霍华德·约翰逊（Howard Johnson's）连锁餐厅印发的《2001：太空漫游》促销漫画书。

①

① 早在沃纳·冯·布劳恩将空间站的概念普及给大众之前，这一构想就已经被漫画作家们画在了故事背景中，正如图中这本 1952 年 3 月的《少年传奇》漫画中所示。
② 对于漫画艺术家和作家来说，在科学方面的准确性是他们最不关心的问题，这一点在 1952 年发行的《奇异世界》（Strange Worlds）中可见一斑。

②

有两个值得注意的例外情况：一个是大受欢迎的英国连环漫画《未来飞行员丹·戴尔》（Dan Dare, Pilot of the Future），另一个是根据 20 世纪 60 年代的热门电视剧《迷失太空》（Lost in Space）改编的《太空家族罗宾逊》（Space Family Robinson）。后者从 1962 年到 1982 年共刊发了 59 期。然而，将《太空家族罗宾逊》包括进来可能有些牵强。与作品同名的罗宾逊家族确实是生活在"一号空间站"上，该空间站于 2002 年发射升空，位于小行星带，但这座所谓的空间站其实是一艘能进行星际飞行的航天器。然而，它的动力并非源于火箭，而是采用了某种形式的磁力传动装置，并配备了两台"太空飞行器"，让罗宾逊一家得以探索他们去过的不同星球。

**是克莱姆巴斯特！
他发现了
我们的太空平台！
把他打下来！**

——《少年传奇》（Boy Illustories），
"铁下巴"（Iron Jaw），1952 年

"丹·戴尔系列"开始于 1950 年，并一直以各种形式延续至今。虽然在这个系列中，空间站并未发挥主导作用，但它们确实在其中出现过，且体现出了一些细节上的考虑，包括 1950 年 4 月首次出现的"麦克胡小行星基地"（McHoo Asteroid Base）。虽然从严格意义上来说，这或许不是一座空间站，但使用小行星作为中转站和深空观测站无疑是符合空间站的大部分功能的。"美基号空间站"（M.E.K.I Space Station）采用的模式则更为传统，这是一个冰球形结构，该设施主要用于航天器维修、燃料补充和货物运输。尽管这座空间站形如冰球，但它并未通过旋转获得重力，而是靠人工重力发生器产生重力。J 系列空间站主要被用作客运设施，并配备了餐厅和休息室。

③ "丹·戴尔系列"广受欢迎，如今已成英国的标志性漫画作品，在其 60 多年的发行史中，这部漫画展示了多如牛毛的航天器设计构想。J 系列便是其中之一，这是一座面向星际旅行者的中途停靠站。

④ 除了令人印象深刻的观影体验之外，《2001：太空漫游》还充斥着植入式广告，其中也包括霍华德·约翰逊连锁餐厅的广告，将儿童菜单和漫画的搭售与这部电影结合在一起。

⑤《2001：太空漫游》中，霍华德·约翰逊连锁餐厅儿童菜单上的一幅图解，是根据罗伯特·麦考尔（Robert McCall）为这部电影绘制的著名海报画成的。这张海报如今被位于华盛顿特区的美国国家航空航天博物馆收藏。

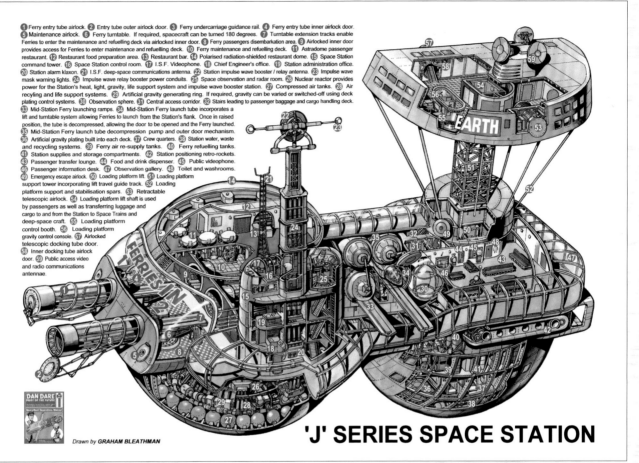

③

④

⑤

① 一号空间站（图中遭受攻击的大型物体）是一艘移动航天器，带有水培花园，以便提供食物和氧气，还配有两艘航天飞机，可以从这里出发，造访不同的星球。

②《太空探险》（Space Adventures，1953 年）中描绘的空间站显然是从出版不久的《科利尔》杂志太空系列文章中汲取了灵感，该系列文章深受欢迎，在接下来的几十年间仍继续影响着艺术家们。

③ 在《漫威二合一》（Marvel Two-In-One，1977 年）中，从一个以庞大的太空基地为总部的恶棍手中拯救整个宇宙的使命落在了蜘蛛侠和石头人的肩上……

④ 在 1954 年的这一期《太空漫画》中，一个同样让人不解的物体令"超狗"（Super Pup）和一个经典轮形空间站上的居民们困惑不已。

不管他的设计最终是否只是变成了一架纸飞机，
他都激发了公众的想象力……

——在 1954 年出版的《太空旅行科学书》（*Science Book Of Space Travel*）中，
哈罗德·利兰·古德温（Harold Leland Goodwin）如此评价沃纳·冯·布劳恩

⑤ 1952 年，《迷失的世界》（*Lost Worlds*）进行了一次勇敢的尝试（或许算不上大获成功），向人们阐释未来空间站具备的各种功能，包括重现赫尔曼·奥伯特的太空镜设想。

⑥ 1962 年出版的《流浪马洛》（*Drift Marlo*）漫画书用了整整一页的篇幅，来解释由美国空军提出的、克拉夫特·伊瑞克设计的一座实际空间站的细节。

⑦ 1959 年，《太空图说》（*The Illustrated Story of Space*）上市时，《科利尔》系列文章的影响力达到了顶峰，其中不仅包括冯·布劳恩的太空之轮，还有他的带翼火箭飞船。

⑤

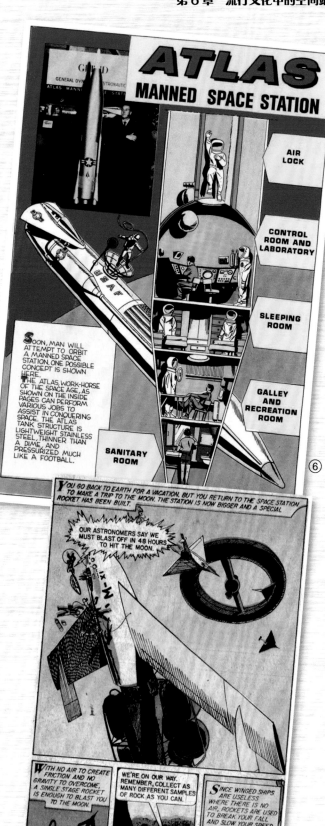

⑥

⑦

213

第 7 章

空间站的未来

20 世纪时，空间站被视为绕地球轨道运行的驻地；但在未来的若干个世纪里，空间站的设计用途将是把人类带到太阳系的其他行星和深空之中。一些科学家和工程师甚至设想了由几代人接力的飞船，可以把人类带往银河系附近的恒星。如此一来，空间站就有可能成为人类在地球之外的前沿栖息地。

◀◀

（左图）NASA 的猎户座号飞船正在研制中，预计将于 21 世纪 20 年代中期投入使用。其中一项计划是乘坐一艘经过改装的猎户座号飞船造访火星的卫星。要完成此项任务，将需要额外的居住、推进和气闸模块。

（上图）Space X 这样的商业开发者已经提议研制"巨型客运火箭"，大致类似于 20 世纪 70 年代的"巨型喷气式客机"。图为一架巨型客运火箭正在驶近国际空间站，上面搭载着游客。

空间站的未来

关于未来空间站的诸多构想，其重点在于利用它们更好地理解并发展科技，以便为更深入的太空探索做好准备。空间站是一处可行的（基本上还是短期内唯一可用的）试验台，可借以检验太空环境模型或前沿技术。

对于未来的太空探索任务而言，设计出能适应太空并营造出更宜居且更高效的工作环境系统，是成功的关键因素。对于太空工程师和科学家来说，通过空间站任务，可进一步测试、评估和改进的领域包括：

（1）空间自然环境——更精确的微重力、辐射、流星体和电荷环境模型。可对现有的模型加以改进，以便更好地描述特定位置的环境，例如在不同的高度下，或是与轨道纬度、昼夜转换之间的关系。

（2）操作环境——根据空间站的经验，重新考虑载人航天设施的基本设计标准。

（3）基于国际空间站的经验，明确人体生理和空间生物学的需求规范。人类心理、认知及行为表现都是空间探索的重要研究领域。行为应激源可影响到反应时间、警觉性、运动精度、感觉知觉、孤立感等因素。空间站代表的是一种独特的设施，可用于制定训练策略，使宇航员识别和解决问题区域。

（4）机器人学需求——与人类合作或代替人类工作的机器人系统的实用性及价值。

（5）传感器和机械手——识别检测或操作所需的系统，并修改人机界面系统，以便反映当前在视觉、触觉、语音等丰富的多模态人机界面系统方面取得的进展。这些方法可适用于空间装配、异常响应、虚拟、合成或增强视觉系统等问题。

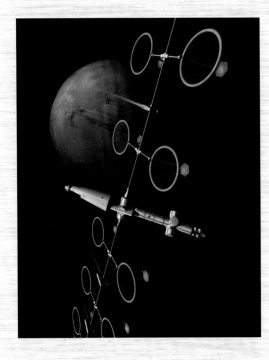

☁ 太阳能快速帆船（solar clipper）将太阳能转化为推进动力，这种方法可使重量相对较轻、成本较低廉的航天器高速将人类送往火星。NASA 供图，帕特·罗林斯（Pat Rawlings）作，来自芝加哥艺术学院（SAIC）。

> 太空属于每一个人，
> 而非仅属于科学或
> 数学领域的少数人，
> 也非仅属于精挑
> 细选的宇航员
> 群体。
>
> ——克里斯塔·麦考利夫（Christa McAuliffe）

（6）装配作业——提高大型（如起重机、对接装置）、中型（如拟人机器人）或小型（灵敏 / 微型机械手）空间装配系统的效率、速度和精度，这将有助于生产出更有效或更可靠的部署或装配系统，服务于空间、月球或行星探索任务。

（7）任务训练及操作——更有效的新型近地系统，可减少对地面支持的需求，用于执行更遥远的星际任务的新系统，在通信滞后或遭到计划外干扰的情况下，提高机组人员自力更生的水平。

（8）对系统功能性、耐久性和安全性的认证或测试要求，文件及流程——定义明确、经过合理化和简化的流程，可降低飞行许可和安全认证的时间、难度或复杂程度。

空间站提供了一个独特的机会，为探索任务中至关重要的硬件和操作充当了工程试验台。未来用于比近地轨道更遥远的探索任务的航天器很可能是个复杂的大型系统，必须由机组人员来维护。与空间站一样，它不会再返回地面接受维护服务，备件供应也会严重受制于运输限制。地面人员虽然可以提供重要的技术支持，但所有需要亲自动手的维护任务都必须由机组人员来执行。

星际任务支持

从空间站任务中收集到的信息不仅有关于如何改进现有技术、流程和表现的内容，对于研究和开发全新的技术也具有无法估量的价值，这些新

● Space X 公司的一艘龙号无人自动货运飞船停靠在国际空间站上。

● 由帕特·罗林斯、克里斯·科丁利（Chris Cordingley）和比尔·格里森（Bill Gleason）共同为 NASA 创作的这张图中，一座商用载客舱正准备离开地球轨道前往月球。

● 在航天飞机 STS-57 任务中，布莱恩·达菲（Brian Duffy，后）、珍妮丝·沃斯（Janice Voss，左）和南希·科里－格雷格在商用太空生活舱内。太空生活舱从设计、建造到运行均采用了商业模式，而且事实证明，它比类似的政府项目太空实验室的成本要低得多。

技术可以彻底改变我们在太空中的未来。这些系统可能包括：推进系统，如太阳能电力驱动或核能；先进的电力系统，包括太阳能电池阵列、超高效电池、太阳能动力涡轮发电或燃料电池，以提升其使用期限与效率；先进的生命支持系统；增材制造与加工系统；使用更为紧凑的原材料库存，就地生产工具、部件和结构的系统；先进的居住系统；人工重力系统；对抗因长期处于失重状态而导致的人体生理退化的系统；舱外活动设计理念及服装。

由于具备了国际性的经验，在以下设计领域，工程师和设计师已经实现了根本不同的处理方式：

（1）环境控制及生命支持系统——美国系统一般依赖于通用系统部件冗余，而俄罗斯系统一般依赖于不同设计及冗余。

（2）系统控制与监控系统——美国系统一直依赖于主动的地面监控与控制，一般必须通过航天器数据管理系统来进行操作；而俄罗斯系统通常更独立、自动化程度较高，或更有赖于机组人员的支持。由于通信面临的挑战和数据或人工智能系统的改进，探索系统对地面支持的依赖度可能会降低。

（3）模块结构——在国际空间站上，美国和俄罗斯模块的结构也大不相同。美国体系结构的设计意图是在几十年内可对系统进行维护和更改。因此，美国模块内的大部分主要系统组件都内置在"标准"的设备机架中，大小均相当于一台大型冰箱。这就使维修和维护更易实现，由于机架可以从一个模块移动到另一个模块，所以在国际空间站内，主要组件可以通过舱口从一个位置移动到另一个位置。而俄罗斯系统通常设计成一个特定的模块，直接安装到模块舱壁或结构上。由于俄罗斯舱段中的舱口较小，致使标准机架无法从美国舱段移动到俄罗斯舱段中。

长期任务

为了执行长期的星际任务，环境控制和生命支持系统的设计务必要将舱内环境维持数年之久。系统必须便于航天器上的机组人员维护和维修，并且具备模块性，组件必须可更换。由于环境控制系统的运行对生命的存续至关重要，因此必须考虑到任何一项故障出现的可能性，即便在同时发生多项故障的情况下，也务必确保机组人员能够存活。美国系统的设计方式一般是带有与主系统相似的备份装置，例如，或许会有两个完全相同的单元，其中一个留待紧急情况下使用。

而为了维持关键性的生命支持能力，俄罗斯采用的方式一般是用不同类型的系统作为备份。例如，为了提供呼吸用的氧气，美国和俄罗斯的主系统都采用了对水进行化学电解的方法。美国的系统可以由机组人员在轨道上进行拆卸和维修，关键的替换部件都储存在航天器上。俄罗斯的主电解系统被称为"电子"（Elektron），采用的备份方式则是储存的氧气罐与可通过燃烧产生氧气的蜡烛。一旦"电子"系统的某个单元在轨道上发生故障，在补给飞船送来新的"电子"系统单元之前，机组人员就可以使用其中一个备用系统。

正如我们在本章下文中即将讲述的那样，在空间站和相关技术的研究中取得进展的不仅有美国人和俄罗斯人，中国和欧洲也在发挥着各自的作用。很明显，那些掌握了空间站相关科学知识的人，可能就会成为深空和遥远行星的主人。

从过去到未来

作为未来太空探索的中转站和试验台，空间站这一概念比航天计划本身的历史更悠久。这个概念也跨越了国界——德国人、俄罗斯人和美国人都曾设想过，要深入更遥远的宇宙，空间站是我们迈出的第一步。在执行飞往其他行星的任务之前（这些任务需要耗费数月甚至数年时间才能完成），可以先在空间站上测试生命支持系统。

①

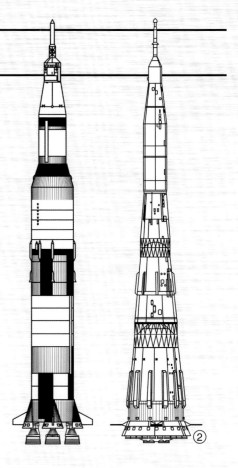

① 乔治·布什总统宣布了一项新的太空探索计划，将在阿波罗 11 号登月 20 周年之际重返月球并探索火星。

② 月球火箭：美国的土星 5 号和俄罗斯的 N-1 火箭。土星号火箭未尝败绩，N-1 火箭却一次也未能成功发射过。

一直以来，为空间站制订的长期计划都是雄心勃勃的。俄罗斯人希望他们的空间站成为一种飞行器的原型，这种飞行器能绕月球轨道运行，并能飞越金星和火星。N-1 火箭被许多人称为苏联的月球火箭，实际上，按照 20 世纪 50 年代的最初设想，该火箭的用途是发射一座绕地球轨道运行的大型空间站。N-1 火箭在 1959 年获准开发，预期应在 1963 年投入使用，其规划任务包括发射搭载了 5 名宇航员的重型空间站，在高度为 400 千米的轨道上运行。这些空间站上将会开展军事侦察和基础研究。N-1 也被计划用于将两到三名宇航员送上太空，进行绕月飞行，包括进入绕月轨道。MK 星际飞船使用了在空间站上开发并经过测试的系统，外观与礼炮号长期空间站极为相似，它将搭载两到三名宇航员，执行为期两到三年的金星和火星飞越任务。

空间站的功能

1960 年 6 月，苏联航空工程总设计师科罗廖夫与军方就轨道空间站的未来任务达成了协议，其中包括：

· 战略侦察
· 对敌方航天器的作战行动

· 对地球上的任意一点实施打击
· 军事通信
· 军事应用
· 对敌方弹道导弹的空对空防御
· 空间环境研究
· 辐射研究
· 太阳研究
· 地球及各行星研究
· 天文观测
· 气象观测
· 生物研究

届时将有两三座大型空间站同时绕轨道运行，控制着太空中各种各样的军事设施。反弹道导弹拦截器和斯普特尼克号作战卫星将会控制 300~2000 千米高度的轨道空间环境。直到 1964 年，即 N-1 计划启动 5 年后，苏联才决定将 N-1 火箭用于登月任务，与美国的阿波罗计划一较高下。

几乎从一开始，科罗廖夫就在与其他设计局争夺苏联军方提供的大笔开发预算。赫鲁晓夫要求科罗廖夫在设计和任务上与竞争对手达成一致，但科罗廖夫从未与其他竞争对手就目标达成一致，却能争取到足够的支持，并获批自 1962 年 9 月起开发 N-1 火箭。一年后，拜科努尔综合发射场的建设

工作开始了。当时预计首枚 N-1 火箭将于 1965 年进行发射，但由于发生延误，第一枚运载火箭直至 1968 年才被送上发射台。

1969 年 2 月 21 日，由于燃料泄漏，第一次试射在飞行 1 分钟后以失败告终。此后还进行了三次试射。1969 年 7 月 3 日，仍是由于燃料泄漏，火箭在发射后不久便发生爆炸，摧毁了发射台。1971 年 6 月 27 日，第三次发射尝试仍以失败告终，火箭在起飞约 50 秒后旋转并失控。之所以发生旋转，是由于前两次失败后，发射段制导有所改变。不过，这次故障并非由发动机故障或燃料泄漏造成的，一级发动机运转良好，因此，火箭的研发似乎正在取得进步。

1971 年，首座 DOS/礼炮号空间站成功进入轨道，并搭载着 3 名宇航员执行了为期 23 天的任务。与此同时，另外还有数座 DOS 和军用阿尔马兹空间站正在建设之中。1972 年，科罗廖夫的多模块轨道综合体开始建造，其中包括两个大直径空间站模块、几个较小的专门研究模块以及在邻近轨道上运行的自由飞行卫星。两个大模块将由两枚 N-1 火箭发射。

1972 年 11 月 2 日，第四枚 N-1 火箭发射升空。一级发动机运转良好，但熄火时间比原计划提前了 7 秒钟。在准备分级阶段，发动机推力正在减弱，

③ 地月空间内的万有引力等值线，在如图所示的 5 个拉格朗日点上，万有引力保持着平衡。在这些点上，让空间站维持在原位不动所需的燃料最少。

④ 模块化增压月球车（Modular Pressurized Rover）可扩大在月表执行任务的范围。注意机械臂和气闸是如何协助收集样本的。由加里·基特马赫为 NASA 设计。

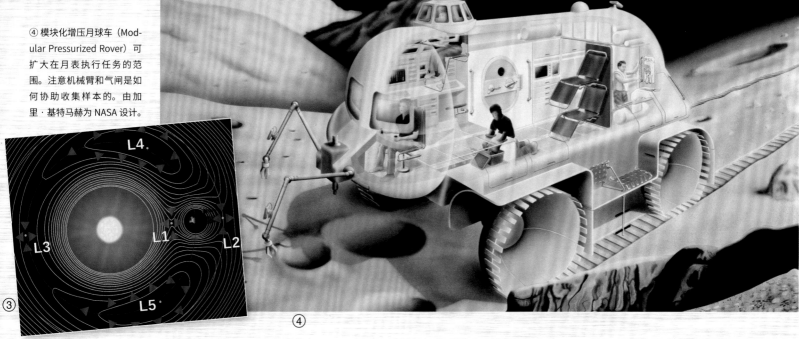

③

④

此时一台发动机发生爆炸，导致发射终止。尽管如此，来自苏联不同设计局的设计师们仍然众说纷纭，各自支持 N–1 火箭的不同发动机和做出的各项重大改变。1974 年 5 月，苏联当局决定终止 N–1 计划。

1969 年 2 月和 7 月，就在苏联尝试发射最初的两枚 N–1 火箭期间，美国的阿波罗计划也正处于最后准备阶段，为 1969 年 7 月 20 日的首次载人登月任务做准备。在阿波罗 11 号登月时，美国的太空任务组（Space Task Group）明确了空间站在后阿波罗时代美国太空计划中发挥的作用："我们可以（将其）设想为在地球轨道、月球轨道或月球表面上的载人基地，也可考虑用其执行载人火星任务……空间站模块将是未来载人行动的基本要件……空间站将为持续运行的永久性结构，可容纳 6～12 名宇航员……同样的空间站模块也可作为月球轨道上的永久性载人空间站，从那里将远征队送上月球表面。"

该空间站将用于开发长达数年的星际任务所需的系统和操作。生命科学家会利用空间站来研究在此类长期任务中宇航员如何在与外界隔绝的状态中行动。根据星际探索任务的要求，技术专家会开发并测试可靠性强的生命支持系统和电力供应系统。但就当时而言，1972 年，NASA 接到的指令是要将精力集中在制造一种经济有效的地球－轨

道间运输系统上，也就是航天飞机。空间站计划要延迟到航天飞机之后了，而月球基地或星际远征的次序更是要排在空间站之后。

空间问题机构间高级小组

十余年后，里根总统于 1983 年授权空间问题机构间高级小组（SIGSpace, Senior Interagency Group on Space）开发空间站项目。SIGSpace 进行的研究表明："在未来太空相关事宜的历史性进步中，空间站可以成为必要的第一步。在我们重返月球或进行原材料开采之前，在派遣载人远征队前往火星进行现场勘查之前，在对小行星展开载人勘测之前，在地球同步轨道上构建载人科学和通信设施之前，在近地轨道建设先进的科学和工业设施综合体之前，它都是必要的第一步。"

一些人敦促里根总统以制定更长远、更宏伟的目标作为前提，来批准空间站的建设。里根表示，当前已有的信息还不够充分，不足以支撑制定这样的目标，但是，如果做出继续建设空间站的决定，可以维系对未来更宏伟目标的追求。总统认为，若是决定不继续建设空间站，就会对未来商业化、工业化或探索任务的基础设施建设造成阻碍。他相信，空间站可以刺激太空的商业开发，就像在早先的美国历史上，铺就的铁路开辟了西部的边疆那样。里

根还认为，经济增长、生产率和新增就业机会都可直接归功于美国对先进技术的投资。

空间站项目于 1984 年 1 月正式获批。"空间站将是太空中的一座实验室，可以在空间站上有所发现，这是合乎逻辑的下一步。"但如果没有更为长远的目标，决策者们便无法达成共识，为其确定一个清晰明确、始终如一且被大家普遍接受的用途。

在空间站建设的第一个五年间，人们积极考虑的内容是为今后的探索工作建造装配设施。后来，在老布什总统的领导下，他们又转而支持富有远见的太空探索计划（SEI, Space Exploration Initiative）。但 SEI 在 20 世纪 90 年代初缩减了规模，这就使空间站失去了自身存在的关键理由，进而导致项目目标混乱，也为政治辩论制造了机会，这类辩论威胁到了国际空间站的资金来源和项目存续。尽管国际空间站是合作开展的国际项目，但在小乔治·布什、巴拉克·奥巴马和唐纳德·特朗普政府执政期间，围绕人类航天计划的长远目标展开的辩论始终未曾停歇过。在每一届总统任期内，长期目标都在发生变化，从月球基地到火星任务，再到小行星捕获任务，再到深空门户——一座位于拉格朗日点的空间站。拉格朗日点是地球、月球和太阳之间引力相等的点，距地球 40 万千米。

新举措

NASA 已经开始着手一项计划，打算脱离近地轨道，开发一座在深空运行的微型空间站。计划在 21 世纪 20 年代末发射一种新型火箭和航天器，并可能会建立一座"深空门户"（Deep Space Gateway，简称 DSG；2019 年，此项目更名为"月球轨道平台—门户"）。按照设想，DSG 是一座微型空间站，其规模和复杂程度都远不及国际空间站，而是以几个源自国际空间站的模块为基础构建的。该空间站将位于拉格朗日点或月球轨道上。

DSG 处在太阳、月球和地球之间的等引力区域，宇航员在此与世隔绝，从这里看到的地球和月球都只是遥远的小小圆盘。此处与地球之间的通信会延迟几秒钟，对话速度减慢。在执行这样的任务时，宇航员也将完全依赖于具备自动防故障功能的生命支持系统。需要克服的重大问题也包括处于零重力环境、太阳辐射和银河宇宙射线下时人体出现的生理退化。要重返地球，需要遵循决定行动成败的轨道，并在几天之内以极高的速度通过。正如百余年前齐奥尔科夫斯基和奥伯特设想的那样，DSG 可以作为推进系统技术的试验台，如先进的电能或核能推进系统。DSG 也可开发成一种深空运载系统（Deep Space Transport，简称 DST），去往比月球遥远得多的地方，或许还能搭载第一批人类，飞越最近的行星——火星或金星，然后将宇航员和宇宙飞船送回地球，之后进行翻新和再利用。

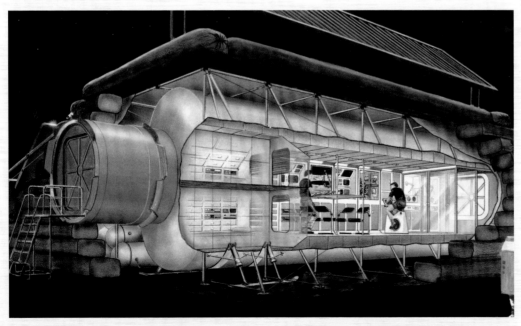

◗ 在设计国际空间站时，人们设想，它的模块和内部机架会成为未来建造太空基地的基石。图为月球第一前哨站（First Lunar Outpost），这是加里·基特马赫与约翰·西科拉（John Ciccora）为 NASA 提供的构想，以国际空间站型模块作为基础设计而成。

◗◗ 一架飞越火星航天器正在离开国际空间站和地球轨道，它的设计及系统特性均与国际空间站相似。

◗ 图中这架波音 CST–100 星际客机正在进行商业开发，这是一架载人运载工具，准备用于将宇航员运送到国际空间站和近地轨道。

○ 猎户座号飞船是 NASA 正在开发的一种载人太空舱，可飞行距离与地月距离相当。图中，该太空舱正在接近一个月球轨道平台门户，舱内最多可搭载 4 名宇航员。猎户座号将于 21 世纪 20 年代中期投入使用，NASA 已提议将上述门户作为其目的地。

○ NASA 已经开始了深空行星栖息地的早期设计工作，到 21 世纪 30 年代，该栖息地便可将宇航员送往火星。图中呈现的是其中一处栖息地的原型设计。

和平 2 号空间站

苏联人规划过几座空间站，其中的巅峰之作是和平号，于 1986 年发射。但其实还曾经有过一项实验性计划，打算用第二个基础模块来扩建和平号空间站，即所谓的和平 1.5 号。还有过一项和平 2 号（Mir II）计划，是在一个基础模块（DOS8）上添加四个新模块：光谱号、自然号、功能货舱和科学号。和平 2 号还有另一个版本，就是把这些模块与一个大型桁架以及比它还要庞大得多的太阳能发电装置结合到一起。自 NASA– 和平号项目开始后，后来的版本便被无限期推迟了。为了 NASA– 和平号项目，NASA 签署了一份合同，为和平号添加两个新的模块：光谱号经过重新设计，可与美国太空实验室兼容；自然号也经过重新设计，可与太空生活舱和航天飞机兼容。航天飞机发射了一个俄罗斯对接模块。和平 2 号的另外一半则成了国际空间站的一部分，即基础模块，一般被称为服务模块、功能货舱和科学号。

⬀ 在和平号空间站上停靠的最后一个模块是自然号。与所有俄罗斯模块一样，自然号也为实现自动化自主操作而设计。

◑ 图为苏联（后为俄罗斯）的和平号空间站。第一个模块发射于 1986 年，最后一个模块发射于 1996 年。和平号空间站一共运行了 15 年。

◑ 从和平号空间站的核心模块开始，有许多俄罗斯模块都设计成了带有多达 6 个停靠端口的球形节点舱，以便容纳更多的模块。节点舱（Prichal，又名 Uzlovoy 模块）是为在国际空间站上使用而设计的，可以将国际空间站与未来的俄罗斯空间站连接到一起。

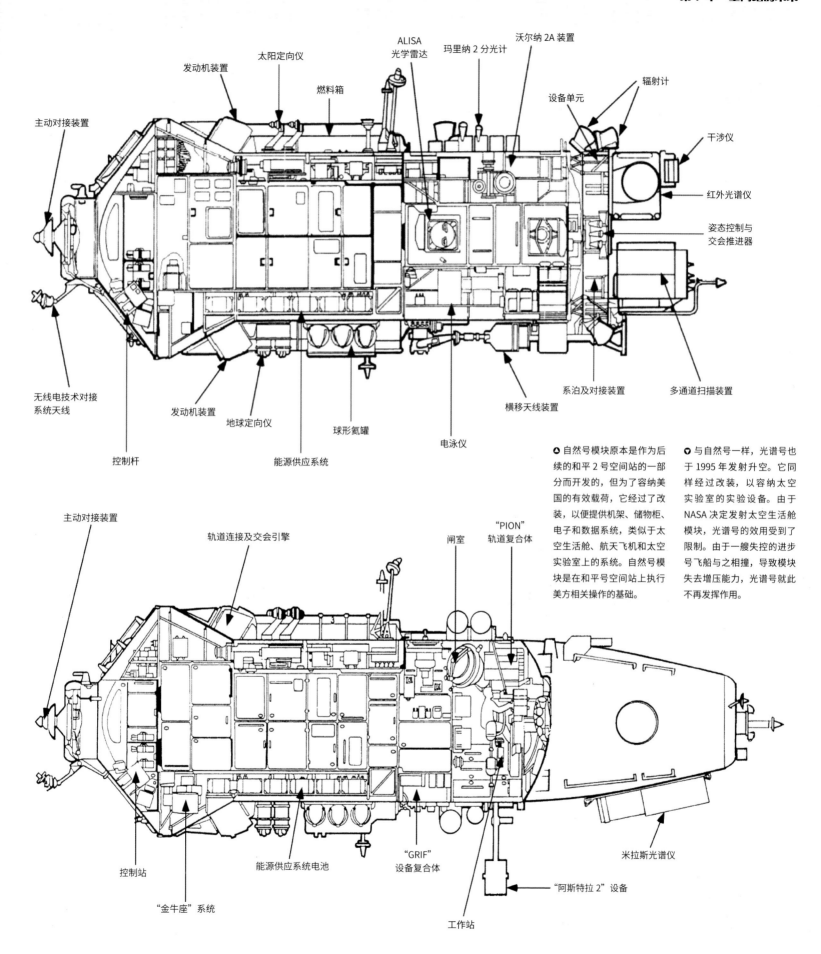

主动对接装置

发动机装置

太阳定向仪

燃料箱

ALISA
光学雷达

玛里纳 2 分光计

沃尔纳 2A 装置

设备单元

辐射计

干涉仪

红外光谱仪

姿态控制与
交会推进器

无线电技术对接
系统天线

控制杆

发动机装置

地球定向仪

球形氦罐

电泳仪

横移天线装置

系泊及对接装置

多通道扫描装置

能源供应系统

○ 自然号模块原本是作为后续的和平 2 号空间站的一部分而开发的，但为了容纳美国的有效载荷，它经过了改装，以便提供机架、储物柜、电子和数据系统，类似于太空生活舱、航天飞机和太空实验室上的系统。自然号模块是在和平号空间站上执行美方相关操作的基础。

○ 与自然号一样，光谱号也于 1995 年发射升空。它同样经过改装，以容纳太空实验室的实验设备。由于 NASA 决定发射太空生活舱模块，光谱号的效用受到了限制。由于一艘失控的进步号飞船与之相撞，导致模块失去增压能力，光谱号就此不再发挥作用。

主动对接装置

轨道连接及交会引擎

闸室

"PION"
轨道复合体

控制站

"金牛座"系统

能源供应系统电池

"GRIF"
设备复合体

工作站

"阿斯特拉 2"设备

米拉斯光谱仪

天宫号空间站

中国认为，发展航天工业是国家未来经济及技术战略的重要组成部分。在早期尝试启动人类航天计划失败之后，中国于 20 世纪 90 年代与俄罗斯合作，调整了联盟号与和平号的设计元素，以满足自身需求，由此取得了成功。

① 神舟九号载人飞船缓慢接近天宫一号空间实验舱。

② 类似的长征火箭曾用于发射神舟号载人飞船和天宫号空间实验舱。体积更大、重量更重的天宫号空间站正在等待着更强大的助推器出现。

③ 神舟九号载人飞船飞行乘组的几位航天员飘浮在天宫一号空间实验舱内。从左至右依次为刘旺、刘洋和景海鹏。

④ 首位进入太空的中国人杨利伟躺在神舟五号宇宙飞船的返回舱内。杨利伟绕轨道飞行了 21 个多小时。

⑤ 神舟号飞船与俄罗斯的联盟号有一些相似之处，但返回舱的尺寸更大。

⑥ 2013 年 6 月 13 日，在北京航天飞行控制中心的一面屏幕上，神舟十号载人飞船与中国首座空间实验舱天宫一号对接。

②

③

1998 年，中国选出了首批航天员。经过 5 年的训练，杨利伟成为乘坐神舟五号宇宙飞船进入轨道的首位中国人。

神舟飞船主要以俄罗斯联盟号的设计为基础，但在结构和布局上存在着一些显著的差异。联盟号一般重量为 4200 千克，而神舟号则重达 7800 千克。杨利伟飞上太空，意味着继俄罗斯和美国之后，中国成为第三个用本国航天器和本国火箭将人类送入地球轨道的国家。在神舟号载人飞船的第三次飞行中，中国进行了一次成功的太空行走。

2011 年，中国发射了天宫一号，这是一个用于测试未来空间站系统的模块。天宫号和神舟号都是由相同类型的火箭发射的，受此所限，二者的发射质量也相差不大，大约都是 8500 千克。虽然在外形上与用于礼炮号、和平号和国际空间站服务舱的 DOS 模块大致相似，但天宫号更小更轻，重量为 8500 千克，而 DOS 模块的重量约为 20 400 千克。在天宫一号发射 5 年后，天宫二号发射。机组人员共两人，在飞船上驻留了 30 天，开展实验并进行系统测试。几个月之后，一艘名为"天舟一号"的无人驾驶补给飞船多次自动与之对接，为天宫二号补充了燃料。天舟一号的重量远超天宫二号，是中国最重的一艘飞船。中国正在研制一种新型助推火箭，将有能力携带 23 000 千克的重量进入轨道，超过目前的运载能力两倍多。长征五号火箭初步测试存在问题，助推测试仍在继续。长征五号 B 火箭于 2020 年 5 月 5 日首飞成功，一旦投入使用，可能会被用于组装一座比天宫号规模更大的空间站。

④

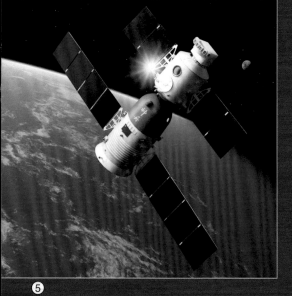

⑤

⑥

商业化

美国对太空商业化的兴趣可以追溯到 1958 年的《美国国家航空暨太空法案》。法案要求，NASA 应"最大限度地寻求并鼓励人们对太空进行尽量充分的商业开发"。20 世纪 80 年代，里根总统对太空商业化的兴趣日益浓厚。有了航天飞机，微重力研究的前景一片光明，一些公司正准备在航天飞机上开始制药生产，这为总统批准空间站的建设提供了基本的理由。美国的商业性空间政策被提升到了与民用及国家安全空间政策同等重要的地位。里根指示政府为商业化功能付费、鼓励私人投资，并将商业性空间监管措施缩减到最低限度。随后几届政府也继续对此施加压力。

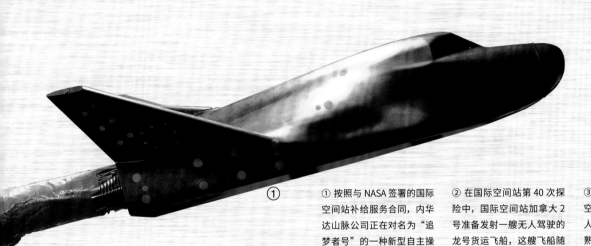

① 按照与 NASA 签署的国际空间站补给服务合同，内华达山脉公司正在对名为"追梦者号"的一种新型自主操作航天飞机进行商业化开发。

② 在国际空间站第 40 次探险中，国际空间站加拿大 2 号准备发射一艘无人驾驶的龙号货运飞船，这艘飞船随后降落在太平洋上。

③ 2013 年 3 月 3 日，国际空间站第 34 远征队的机组人员使用加拿大臂 2 号系统，熟练地抓住了商业化开发的无人驾驶龙号货运飞船。

④ 龙号飞船从一开始就被设计用来搭载宇航员。这张内部图显示了可容纳 7 名船员的座位。

早期的商业化尝试并未取得成功。挑战者号事故的发生导致制药生产计划中止。然而，空间工业公司（Space Industries Inc.，简称为 SII）计划将"太空工业设施"（Industrial Space Facility，简称为 ISF）打造成一个载人空间平台，这将是一座小型空间站，航天飞机为其提供服务。但由于 NASA 拒绝签署支持协议，这项计划始终未能有所进展，SII 的执行官们认为，NASA 将 ISF 当作对国际空间站的威胁。

后来进行的尝试则比较成功。

NASA 资助了数十名大学研究人员，以开发在航天飞机上进行的实验。航天飞机的实验能力非常有限，等待飞行期间开展的实验堆积如山。NASA 与 Spacehab 公司签署了"商业性中甲板增益模块"合同。Spacehab 公司制造了所有权属于商业机构

的模块，并建立起一支小型团队。事实证明，与另外的方案相比，Spacehab 的速度更快、效率更高、成本更低，而且由于其往返周期短、所需预算也较为有限，所以飞往和平号的大多数航天飞机任务都采用了 Spacehab 方案。后来，在飞往国际空间站的航天飞机任务中，Spacehab 成了主要的后勤保障承运者。

在哥伦比亚号发生事故后，航天飞机项目宣告结束，此时人们面临着开发商用替代品的压力。美国 SpaceX 公司是第一家设计、开发并运营火箭和航天器的私营公司，他们的火箭和航天器进入轨道并从国际空间站重返地球。该公司的龙号飞船提供了以前只有政府才能提供的服务。当该公司开始回收火箭并对其进行再利用时，成本又进一步下降了。其余公司赢得了 NASA 向国际空间站运送货物的合

同，如轨道 ATK 公司的天鹅座号宇宙飞船，以及内华达山脉公司的追梦者号微型航天飞机。波音公司和 SpaceX 公司则赢得了运送宇航员往返国际空间站的合同。这些公司自行设计、开发并运营运载工具。与其他私营科技公司一样，在提供类似服务时，他们这些项目的成本也远低于政府项目的一贯成本。

商业用户

NASA 已经运用了商业化的手段来为国际空间站采购新的服务。水是太空中最昂贵的商品，但可以在飞行期间从航天飞机产生的废物中获取。在飞行过程中，航天飞机上的燃料电池会发电，并产生出多余的水。当航天飞机停飞后，水就必须以货物的形式来运输，从而挤占其他所需的补给物资。在

④

国际空间站上，当宇航员呼吸时，就会产生无用的二氧化碳；当再生性生命支持系统对废水加以过滤和净化时，又会产生氢气这种无用的副产品。然而，萨巴蒂埃反应堆（sabatier reactor）可将二氧化碳和氢气结合到一起，从而生成水。NASA 并未付费来开发萨巴蒂埃系统，而是签署了一份供水服务合同，由承包商来负责硬件开发及实施工作。

国际空间站本身的运营有可能也会成为新的商业化举措之一。NASA 表示，随着太空探测计划越出近地轨道的范围，未来将把近地轨道移交给商业公司。有几家企业正在开发商业化运作的全新私有系统，如国际空间站附加组件、新的空间站和未来航天器。

新的空间站

另一种可选的替代方案就是建立一座新的空间站。国际空间站目前是按照政府制订的预算计划来运行的。目前，国际空间站计划服务到 2024 年，但正在讨论是否要超期服役。每一个国际合作伙伴都必须对延期予以批准。不确定性越大、不确定性持续的时间越长，找到用户的难度就越大。

毕格罗航空公司（Bigelow Aerospace）已经制造出了一系列可充气模块，在质量相同的情况下，这些模块能够提供更大的内部容积。已有一个测试模块在国际空间站上就位——"毕格罗可扩展活动模块"。该模块处于停靠状态，被用作存储区域。在未来，毕格罗希望能提供一座独立运营的空间站，搭载游客或研究人员进入轨道的商用航天器可将其作为目的地。他们希望将模块或栖息地出租给生物技术、制药、娱乐行业及政府、大学，或者用来接待游客。

公理太空公司（Axiom Space）也在计划建造一座新的空间站，以取代国际空间站。他们打算提供一处轨道基地，用于研究、制造、广告和旅游。他们的商业计划是，首先发射一个模块，在国际空间站上进行商业化运作，随着国际空间站的寿命接近尾声，该模块会被当作类似于搬家货车的运输工具来使用，并成为取代国际空间站的一座新的商业性空间站的基础。公理公司会训练宇航员（包括公司自己的宇航员和客户）、整合有效载荷，并管理有效载荷及模块的运作。

几乎每一家新的商业供应商都确信，与 NASA 官僚的政府流程相比，他们通过标准化的商业性运作，必定会经营得更高效。目前至少已有 6 个部门明确表示对近地轨道未来的商业化感兴趣，即运营、航天制造、技术开发、系统测试、旅游、广告及品牌形象塑造。

充气式结构

在空间站上使用类似于气球的充气式结构，这一想法可以追溯到冯·布劳恩于 1952 年提出的构想——一座直径为 76 米的充气式旋轮空间站。第一个应用于载人航天飞行中的充气式结构，是 1965 年 3 月阿列克谢·列奥诺夫首次进行太空行走时使用的气闸，由为宇航员制造太空服的同一家工厂生产。20 世纪 60 年代早期，NASA 与固特异飞机公司合作，开发出了一种可容纳 6 名机组人员的充气环或环面，它会在太空中缓慢旋转，这样居住者便可享受到人工重力带来的益处。当时，几乎所有的空间站设计师都认为，只要想在太空中长期停留，人工重力就绝对是必不可少的。有几个设计模型还被造出了实物。

科学家们研究了 20 世纪 80 年代末用作月球基地的充气式栖息地，NASA 因此获得了运输居住舱（Transhab）的专利，这是一个可折叠的充气式空间站模块。罗伯特·毕格罗（Robert Bigelow）是一名酒店经营者，他力图将游客的住宿安排到轨道上去。他购买了 NASA 的专利授权，开发了一系列模块原型，其中两个被送入轨道进行测试，还有一个"毕格罗可

○ 毕格罗航天可扩展活动模块（BEAM）。2016 年 4 月，另一个 BEAM 模块由无人驾驶的龙号飞船搭载升空，并抵达国际空间站。一年后，NASA 与毕格罗公司签订合同，将采用 BEAM 作为存储模块，直至 2020 年。

○ 1962 年，弗吉尼亚州的 NASA 兰利研究中心与固特异公司合作，制作了一个充气式空间站模型。图中，NASA 局长詹姆斯·韦伯正在观察这个模型。

○ NASA 约翰逊航天中心的工程师们开发了运输居住舱的概念。毕格罗购买了该专利，并开发了 BEAM 模块。

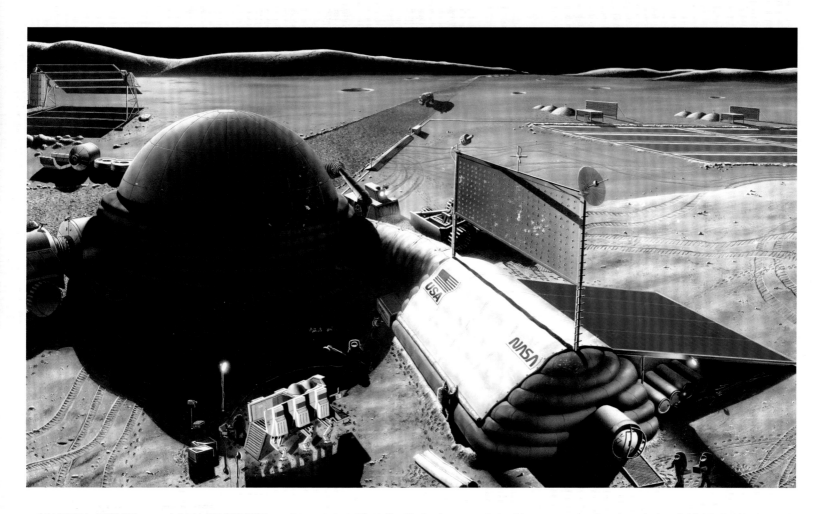

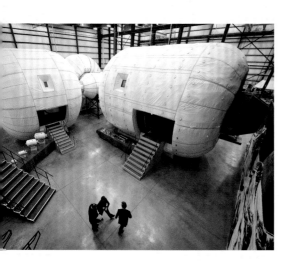

◐ 充气式卫星在太空计划的早期阶段便已有使用,包括苏联在第一次太空行走时使用的气闸也是充气式结构。1989 年,NASA 构想出了一座充气式月球基地,即如图所示的这个穹顶形结构。在场地准备好之后,它就会进行充气,利用图中右侧的月球第一前哨站来启动。

◐ 在位于内华达州拉斯维加斯的毕格罗航空航天公司,几个大型充气式 B330 模块正在进行测试。它们提供了充足的空间:其中两个模块的容积大致相当于整个国际空间站增压区域的总容积。这些模块也可用作绕地球飞行的旅馆。

扩展活动模块"停靠在国际空间站上。分析表明,充气式模块在微流星体防护效果、刚性、易燃性、放气、耐用性、使用寿命、对裂纹扩展的预防以及原子氧效用等方面,均有较好的表现。与铝制结构相比,毕格罗模块的防辐射能力要强得多,铝制结构还会产生二次辐射效应,在近地轨道的地球辐射防护范围之外,这种效应可能会对人体产生相当大的危害。可折叠或充气式结构还有另一种替代方案,即通过加压来保持其形状的金属结构。为了减少质量,阿特拉斯洲际弹道导弹没有内部框架,就是一层薄薄的充气式不锈钢外壳,一旦失去压力就会坍塌。有许多设计人员曾建议,使用这种废弃的火箭外壳作为可居住空间模块的基础。

空间模块可用作医学实验室,研究人类及其执行长期太空任务的能力。研究人员可研究空间环境对材料、设备和动力装置的影响。空间站也可用于开发新的稳定、定向和导航技术。若配备望远镜和照相机,还可将其进一步用作轨道天文台,进行针对地球的气象、地理或军事侦察方面的勘测。

太空聚居地

20 世纪 70 年代中期，航天飞机将在几年内升空，廉价的常规太空旅行前景在望，意味着许多人都将有机会进入太空。航天飞机将成为运输系统的第一阶段，这样的系统可以把人、硬件和原材料送入高地球轨道和深空。NASA 准备开始利用太空运输系统进行重大的空间建设项目。

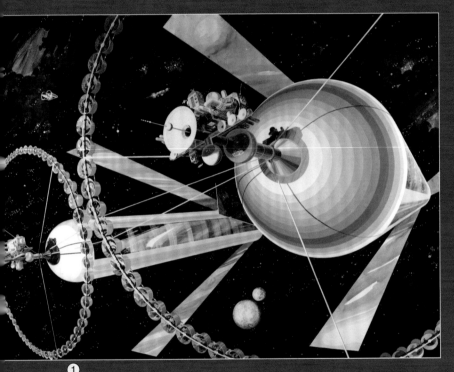

①

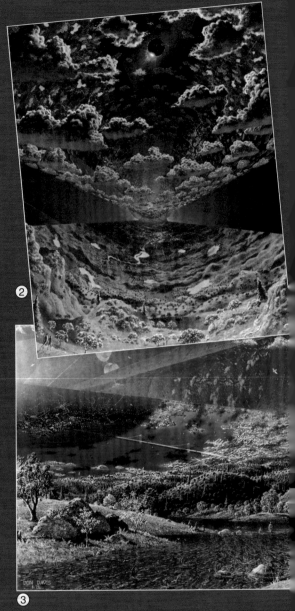

②

③

① 20 世纪 70 年代杰拉德·奥尼尔的太空聚居地。每个聚居地均为圆筒形，这两座聚居地会被连接到一起，朝着相反方向旋转，从而提供人工重力，并抵消回转力。大型镜面将把太阳光反射进圆筒内部。这幅图是瑞克·盖迪斯（Rick Guidice）为 NASA 绘制的。
② 奥尼尔圆筒太空聚居地的内景图，这里有云，也有天气变化。由唐·戴维斯（Don Davis）为 NASA 绘制。
③ 奥尼尔一座聚居地的尽头是一个直径为 8 千米的半球体内部。唐·戴维斯为 NASA 所绘的这幅假想图上画出了一座与旧金山金门大桥差不多的桥，以作为尺寸参考。

当美国陷入石油危机，汽车排着长队等待加油时，人们的注意力转向了太阳能卫星。这样的卫星应当是带有太阳能阵列的巨型结构，以截获太阳的能量，并通过微波发送到下方的地球。无限而廉价的太阳能供应可以满足地球上所有的电力需求。

太空中的阳光相当强烈，可以提供巨大的能量。这种能量既可以在聚居地使用，也可以传输到地球。微波束不会产生危害，属于零排放，所需的地表面积比太阳能电池板要少。微波束穿过大气层时几乎或完全不受阻碍。

生活和工作

太空聚居地可以充当太空设施，这里的居民将负责建造太阳能卫星。建设聚居地和发电站的原料将来自月球，由于月球引力较小，所以从月球表面运送材料的成本要比从地球上运送低得多。取自月球岩石的材料可以提供建造铝质和玻璃结构所需的化学物质。

将有成千上万的人在太空聚居地生活和工作。聚居地的尺寸要足够大，达到足够快的旋转速度，这样就可以模拟出重力，这里的居民也不会迷失方向。食物和水最初会从地球上运来，但最终每一处聚居地都会实现自给自足。100 英亩的内部表面积大约可以养活 1 万人。借助无限的太阳能，加上渐增的二氧化碳水平，因为有用之不竭的电力，不分昼夜都有光照，且没有任何风暴会对农作物造成破坏，这里的农业种植可能比在地球上更高效。

设计

"伯纳尔球 1 号岛"（Bernal Sphere Island 1）是基于 1929 年创想的一项设计。一个中空的球体会成为栖居民的主要栖息地，两侧是供农作物生长的圆柱体，每个圆柱体的长度均与球体直径相等。两端的系统会把阳光转换成电能，从而具备制冷和通信功能，使用镜面提供照明，还有为来访航天器而设的对接口。整套系统会通过旋转来产生人工重力。不同尺寸的球体可以容纳不同规模的人口，直径 500 米的球体可容纳 1 万人，直径 1.8 千米的球体可容纳 3 万人，直径 16 千米的球体可容纳 14 万人。

斯坦福环面本质上就是一个加大版的甜甜圈形设计，类似于 1928 年诺丁提出的构想，但规模

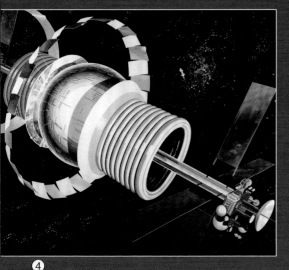

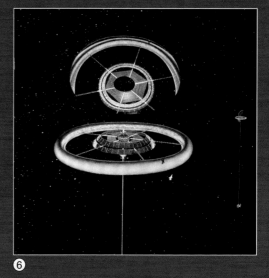

④ 除了奥尼尔圆筒之外，太空聚居地还有另一种替代设计形式，那就是伯纳尔球体（Bernal Sphere），该方案于 20 世纪 20 年代首次提出。本图由瑞克·盖迪斯为 NASA 绘制。

⑤ 伯纳尔球聚居地的内景图，同样出自瑞克·盖迪斯之手。岛屿 2 号是个较大的伯纳尔球，直径为 1800 米。

⑥ 斯坦福环面是大型太空聚居地的第三种设计形式，呈甜甜圈或环面形，但直径要大得多，有 1.8 千米。

⑦ 农业可以维系聚居地的环境，并产出食物。在斯坦福环面上，农作物可以种植在多个层级上。

⑧ 正处在最后建设阶段的斯坦福环面聚居地。在艺术家唐·戴维斯为 NASA 绘制的这幅效果图中，防辐射罩已经安装好了。

⑨ 瑞克·盖迪斯的斯坦福环面剖面图。每分钟旋转一次，会产生 1G 的人工重力。

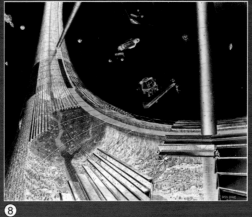

要大得多。环面直径超过 1.8 千米，由一根直径为 130 米的居住管道构成。10 千米外的太阳能发电站会以能量束的形式为它输送电能。一个大型反射装置会确保其获得适当的照明。补给航天器和运送乘客的航天客机将停靠在中心枢纽处，由电梯把乘客送到轮辋中。该环面每分钟旋转一次，在环面周边形成人工重力。

"奥尼尔岛屿 3 号"（O'Neill Island 3）是个长 32 千米、直径 13 千米的圆筒体设计，其内部表面积达 1300 平方千米，将为成千上万的人提供生存空间。该圆筒的窗户允许阳光射入，而长长的反射器会透过窗户将阳光反射进来。

存续

除了能为建造太阳能卫星的工作团队提供保障

之外，倡导者们认为，太空聚居地还可以提供大规模的人类生命支持系统，一旦地球上发生大规模战争或瘟疫，这些系统便可确保人类的存续。倡导者们表示，这些聚居地会比月球或行星更易抵达，而且在无重力的太空中，建造工作也更易开展。太空聚居地的维护难度较低，由于没有夜晚，所以工作时间可实现最大化利用。月球基地在白天需要太阳能系统，但在夜间还需要一套备用系统，要么采用蓄电池，要么采用核能。在月球表面，建筑工地的准备工作需要规模庞大的机器。太空聚居地还可能成为向星级星际飞船迈进的一步，这样的飞船可以将人类定居者带到银河系其他遥远恒星的行星上。

在太空聚居地，生命体面临的威胁包括太阳辐射和银河系宇宙射线。或许可以通过磁辐射屏

蔽的形式来提供防护，类似于地球周围的范艾伦辐射带。另一种替代方案是质量屏蔽，用从月球上发射的土壤使聚居地免受辐射和宇宙射线的影响。

建造太空聚居地的材料将来自月球采矿作业。月球土壤会被电磁质量驱动器加速到月球逃逸速度。在施工现场，加工单元会分离月球矿物，建造聚居地所需的材料会通过 3D 打印单元进行处理，剩下的材料则可用于辐射屏蔽。

有人说，实现太空聚居在技术上是存在可能的，不过面临的挑战仍然十分艰巨。为了使太空聚居具备可行性，首先需要大幅降低从地球上发射的成本，还需要证明可在太空中进行大规模制造。

结语：何为空间站？

在一本关于空间站的书的结尾处问这个问题似乎有些奇怪，但鉴于前文所描述的愿景和现实，这个问题确实值得探讨。《牛津英语词典》将"空间站"一词定义为"一颗大型人造卫星，用作载人航天行动的长期基地"。这一定义当然不可谓不准确，但似乎仅说明了部分问题。

我们将这个词拆分开来看。"空间"当然是在描述其所处的位置，因此，"站"就必然表示其用途。"站"的一个定义是指"特定的活动或服务所基于的场所或建筑"，另一个定义是"铁路线上的某个地方，列车经常在此停靠，以便乘客上下车"。不过"站"还有第三个定义，指的是"某个特定物种——尤其是某个有趣或罕见的物种——生长或被发现的地方"。正如人类在力求建立空间站的最初60年间所发现的那样，上述三个定义都适用。但剖析到此，我们的定义仍然还不完整。

2012年10月22日，NASA宇航员苏妮塔·威廉姆斯在国际空间站上度过了她的第二个100天。在这座轨道前哨站上——它也是沿着有些类似于铁路的一种线路在移动，来访的航天器定期停靠于此——威廉姆斯飘浮在一个房间里，这里装满了开展一项特定活动（科学研究）所需的设备和物资。但当人们要她描述自己身在何处时，威廉姆斯对所处环境的定义却不仅是一个场所、一个地方或一个行动基地。她说："此时此刻，这绝对就是我们的家园。"威廉姆斯及其机组人员是在国际空间站上居住的第33批宇航员队伍，他们进一步延长了人类在太空中连续居住的时间。火箭和宇宙飞船使航天具备了可能性，而空间站则使轨道，或者更广义地说，使外层空间，成了我们的家园。

空间站已经成为人类家园之外的家园，还将继续发挥这样的作用，无论是环绕地球运行，还是环绕其他天体运行。空间站不仅是工作或服务于某项活动的地方，还是生活和居住的地方。NASA宇航员斯科特·凯利说："当我登上国际空间站时，感觉像是回到了老家。"他是第一位在国际空间站上驻留时间长达一年的美国人。

最早的空间站提供的服务十分有限。俄罗斯和美国第一次发射的礼炮号空间站和天空实验室空间站都很简陋，与早期想象中的空中旋转城市和巨型格栅式结构相差很大，只是一座能保障宇

① 这张引人注目的照片拍摄于发现号航天飞机与和平号空间站交会期间，图中，只有俄罗斯和平号空间站的反光部件清晰可见。
② 这幅艺术家所作的概念图描绘的是追梦者号飞船，位于科罗拉多州森特尼尔的内华达山脉公司（SNC）正在为NASA开发这种飞船。根据商业货运计划（Commercial Cargo Program，简称CCP），NASA选择了内华达山脉公司，让其开发用于运送货物往返国际空间站的小型航天飞机。CCP的目标是降低太空旅行的成本。SNC计划最终将按人头收费，以便在常规性飞行中以有史以来最低的费用将更多的人送入太空。
③ 第24远征队飞行工程师、NASA宇航员特蕾西·考德威尔·戴森透过国际空间站穹顶舱上的一个窗口，观察云层在地球海洋上空的运动。

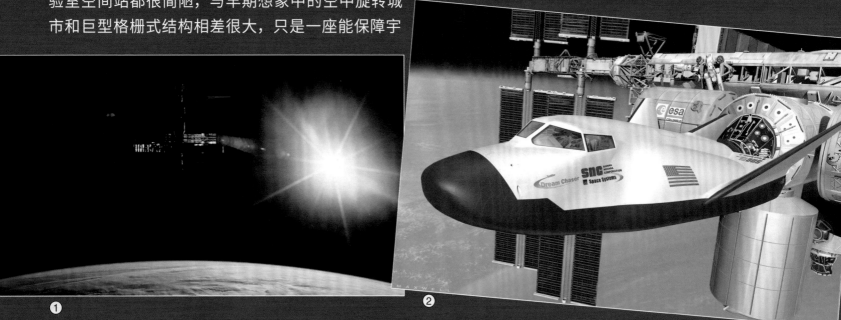

③

航员在其中停留数月的单间实验室，但几乎完全无法提供地面上舒适的物质享受。它们当然也是家园，却并不稳固。俄罗斯的和平号空间站及其互锁模块证明，人类可以在轨道上把多个部件组装成一个前哨站，并搭载来自不止一个国家的宇航员。国际空间站便是在这一基础上建立起来的，无论从字面意义上，还是从象征意义上来说都是如此，它的规模扩大到了与有五间卧室的住宅相当，最终成了一处"家庭办公室"，将世界级实验室的设施与现代家庭的舒适性结合在一起。

　　如今，国际空间站成了人类下一个"家园"典范。加拿大宇航员克里斯·哈德菲尔德说："它为将来我们开始在月球上生活时的家园开了先河，你可以称呼我们"月球人"或者"火星人"——当我们开始在火星上生活时。"随着人类期望不仅将可抵达的范围扩大到地球以外，也将居住地拓展到地球以外，空间站这一概念就变成了一处阶段性的平台，我们可以由此迈向下一颗行星表面；或是一座门户，我们可以从此出发，前往我们的太阳系及太阳系之外更遥远的地方。

　　那么，究竟何为空间站呢？我们在银河系中遥远的地方拥有下一个家园之前，它就是我们现有的地球家园之外的人类家园。我们在地球轨道上率先建起的空间站，将成为我们告别母星并寻找全新居住地的手段。

资料来源和致谢

博物馆

堪萨斯宇宙空间中心博物馆：http://cosmo.org
NASA 肯尼迪航天中心：www.kennedyspacecenter.com
美国空军博物馆：http://www.nationalmuseum.af.mil
美国国家航空航天博物馆：https://airandspace.si.edu
得克萨斯州休斯敦太空中心：www.spacecenter.org

网站

collectSPACE: www.collectspace.com
Center for the Advancement of Science in Space (CASIS):
   www.iss-casis.org
Dreams of Space: http://dreamsofspace.blogspot.co.uk
Encyclopedia Astronautica: http://www.astronautix.com
Gagarin Research and Test Cosmonaut Training Center:
   http://www.gctc.su
NASA History: https://history.nasa.gov/
NASA Images: https://www.nasa.gov/multimedia/
   imagegallery/index.html
NASA Image Archive: https://www.nasa.gov/content/nasa-
   images-archive
NASA Image and Video Library: https://images.nasa.gov
NASA Johnson Space Center: https://www.nasa.gov/
   centers/johnson/home/index.html
NASA Johnson Space Center Oral History Program:
   https://www.jsc.nasa.gov/history/oral_histories/oral_
   histories.htm
NASA Marshall Space Flight Center Oral History Collections:
   http://libguides.uah.edu/c.php?g=263653&p=1760003
RSC Energia: https://www.energia.ru/english
Roscosmos: http://en.roscosmos.ru
Space.com: www.space.com

精选图书

Anderson, Clayton. The Ordinary Spaceman: From
   Boyhood Dreams to Astronaut. Lincoln, NE: University
   of Nebraska Press, 2015.
Ansari, Anousheh and Homer Hickam. My Dream of Stars:
   From Daughter of Iran to Space Pioneer. New York, St.
   Martin's Press, 2010
Chladek, Jay. Outposts on the Frontier: A Fifty-Year History
   of Space Stations. Lincoln, NE: University of Nebraska
   Press, 2017.
Foale, Colin. Waystation to the Stars: The Story of Mir,
   Michael and Me. London: Headline, 1999.
Garan, Ron. The Orbital Perspective: Lessons in Seeing the
   Big Picture from a Journey of 71 Million Miles. Oakland,
   CA: Berrett-Koehler, 2015.
Garriott, Owen, Joseph Kerwin, and David Hitt.
   Homesteading Space: The Skylab Story. Lincoln, NE:

University of Nebraska Press, 2008.
Garriott, Richard and David Fisher. Explore/Create: My Life
   in Pursuit of New Frontiers, Hidden Worlds, and the
   Creative Spark. New York: William Morrow, 2017.
Hadfield, Chris, You Are Here: Around the World in
   92 Minutes: Photographs from the International
   Space Station. Boston, MA: Little, Brown and
   Company, 2014.
Hale, Edward Everett. The Brick Moon. Barre, MA: Imprint
   Society, 1971.
Kelly, Scott. Endurance: A Year in Space, A Lifetime of
   Discovery. New York: Knopf, 2017.
Kitmacher, Gary H., Design of the Space Station Habitable
   Modules. Reston, VA: American Institute of Aeronautics
   and Astronautics, Inc., 2002. Available at http://www.
   spacearchitect.org/pubs/IAC-02-IAA.8.2.04.pdf
Kitmacher, Gary H., NASA-MIR: Development, Integration
   and Operation of Systems of the Priroda Module of the
   Mir Orbital Station (Reston, VA: American Institute of
   Aeronautics and Astronautics, Inc., 2002. Available at
   http://www.spacearchitect.org/pubs/IAC-02-T.P.01.pdf
Kitmacher, Gary H. Reference Guide to the International
   Space Station. Washington, DC: NASA, 2007, 2010, 2015.
   Available at https://www.nasa.gov/pdf/508318main_
   ISS_ref_guide_nov2010.pdf
Laliberté, Guy. Gaia. New York: Assouline Publishing, 2011.
Launius, Roger. Space Stations: Base Camps to the Stars.
   Washington, DC: Smithsonian Books, 2003.
Lebedev, Valentin. Diary of a Cosmonaut: 211 Days in
   Space. Moscow: Nauka/Zhizn, 1983.
Lebedev, Vladimir and Yuri Gagarin. Survival in Space.
   London: Bantam, 1969.
Linenger, Jerry. Off the Planet: Surviving Five Perilous
   Months Aboard the Space Station Mir. New York:
   McGraw Hill, 1999.
Mark, Hans. Space Station: A Personal Journey. Durham,
   NC: Duke University Press, 1987.
McCurdy, Howard. Space Station Decision: Incremental
   Politics and Technological Choice. New York: Johns
   Hopkins University Press. 1990.
Moore, Patrick. Earth Satellites. New York: WW Norton,
   1956.
Nixon, David. International Space Station: Architecture
   Beyond Earth. London: Circa Press, 2016.
Noordung, Hermann, The Problem of Space Travel.
   Washington, DC: NASA, 1995.
Oberth, Hermann. Man Into Space. New York: Harper &
   Bros., 1957.
Olsen, Gregory. By Any Means Necessary: An

Entrepreneur's Journey into Space. Princeton, NJ:
   GHO Ventures, 2010.
Parazynski , Scott and Susy Flory. The Sky Below: A True
   Story of Summits, Space, and Speed. Seattle, WA: Little
   A, 2017
Parkinson, Bob and R.A. Smith. High Road to the Moon.
   London:British Interplanetary Society, 1979.
Peake, Timothy. Hello, is This Planet Earth? My View from
   the International Space Station. London: Century, 2016.
Pettit, Don. Spaceborne. Chicago, IL: Press Syndication
   Group, 2016.
Pratt, Fletcher and Jack Coggins. By Spaceship to the
   Moon. New York: Random House, 1952.
Romick, Darrell. Concept for a Manned Earth-Satellite
   Terminal Evolving from Earth-to-Orbit Ferry Rockets.
   Akron, OH: Goodyear Aircraft Corp., 1956.
Shayler, David. Around the World in 84 Days: The
   Authorized Biography of Skylab Astronaut Jerry Carr.
   Burlington, Canada: Apogee Books, 2008.
Siddiqi, Asif A. Challenge to Apollo: The Soviet Union and
   the Space Race, 1945–1974. Washington, DC: NASA,
   2000. Available at https://history.nasa.gov/SP-4408pt1.
   pdf
US Congress. Civilian Space Stations and the U.S. Future
   in Space. Washington, DC: US Congress, Office of
   Technology Assessment, OTA-STI-241, November 1984.
Virts, Terry. View From Above. Washington, DC: National
   Geographic, 2017.
Von Braun, Wernher et al.. Across the Space Frontier. New
   York: Viking Press, 1952.
Williams, Jeffrey. The Work of His Hands. St. Louis, MO:
   Concordia, 2010.

杂志和文章

Air & Space
Journal of the British Interplanetary Society
Aviation Week & Space Technology
Quest

致谢

衷心感谢以下个人对本书的帮助：
Rob Godwin, Griffin Media/Apogee Books: www.
   cgpublishing.com
Dr. Charles Lundquist, NASA Marshall Space Flight Center,
   University of Alabama, Huntsville
Robert F. Thompson, NASA
Mary N. Wilkerson, Mori Associates, NASA Johnson Space
   Center

图书在版编目（CIP）数据

空间站简史：前往下一颗星球的前哨/（美）罗恩
·米勒,（美）加里·基特马赫,（美）罗伯特·珀尔曼著；
罗妍莉译 . -- 成都：四川科学技术出版社,2021.5（2023.3 重印）
书名原文：SPACE STATIONS, the art, science,
and reality of working in space
ISBN 978-7-5727-0076-7

Ⅰ . ①空… Ⅱ . ①罗… ②加… ③罗… ④罗… Ⅲ .
①星际站—普及读物 Ⅳ . ① V476.1-49

中国版本图书馆 CIP 数据核字 (2021) 第 040442 号

四川省版权局著作权合同登记章　图进字 21-2021-26 号
This translation of *Space Stations: The Art, Science, and
Reality of Working in Space*, first published in 2018, is
published by arrangement with Elephant Book Company
Limited of Studio 114, China Works, 100 Black Prince Road.
London SE1 7SJ, England.
Copyright © 2018 Elephant Book Company Limited
Simplified Chinese translation copyright © 2021 by United
Sky (Beijing) New Media Co., Ltd.
ALL RIGHTS RESERVED

空间站简史：前往下一颗星球的前哨
KONGJIANZHAN JIANSHI：QIANWANG XIA YI KE XINGQIU DE QIANSHAO

出 品 人：程佳月
责任编辑：肖　伊
选题策划：联合天际·边建强
著　者：[美]罗恩·米勒　[美]加里·基特马赫　[美]罗伯特·珀尔曼
译　者：罗妍莉
责任出版：欧晓春
封面设计：@吾然设计工作室
出版发行：四川科学技术出版社
　　　　　地址：成都市槐树街 2 号　　邮政编码：610031
　　　　　官方微博：http://weibo.com/sckjcbs
　　　　　官方微信公众号：sckjcbs
　　　　　传真：028-87734039
成品尺寸：245mm×285mm
印　张：20
字　数：400 千
印　刷：北京雅图新世纪印刷科技有限公司
版次/印次：2021 年 5 月第 1 版　2023 年 3 月第 2 次印刷
定　价：199.00 元

ISBN　978-7-5727-0076-7
版权所有　翻印必究
本社发行部邮购组地址：四川省成都市槐树街 2 号
电话：028-87734035　邮政编码：610031

关注未读好书

客服咨询